KO!

再见，
羞怯！

〔日〕加藤谛三／著

韩贞烈／译

中国出版集团　现代出版社

前　言

对羞怯的人来说，社交是件苦差事。哪怕是日常生活中无关紧要的小事，他们也无法坦然地说出口，不知该如何表达自己的感受，无法让别人明白自己的心意。

这一切都是因为，从幼年期开始，他们就一直压抑自己。另外，他们也没有与之亲近的人。这里所说的亲近，是指能跟对方谈论自身的弱点。通常，把想说的话说出来，人们就会感到轻松。但羞怯的人做不到。明明有一种生活方式，可以通过谈论自己的事情让自己放松下来，但他们就是做不到。

通过倾诉自己的感受，情绪就可以得到梳理。这样一来，也可以慢慢找到生活的方向。但是羞怯的人无法好好表达自己的感受，无法说出自己的意见，一旦出了什么事，就会陷入自责，进而觉得自己是个差劲的人。

羞怯的人像是用被子把自己裹成一团，只能在里面喃喃自语。因为他们不怎么和他人交谈，即使说起话来也无法让自己满意。

羞怯的人想唱歌却无法开口，想跳舞却不敢动，想说"喜欢""好漂亮"却说不出，想说"不要"说不出，想发脾气发不出，想说"想要那一个"也说不出。他们心中压抑着的有时是爱，有时是厌恶。同时，生怕自己压抑着的情感被人注意到，因此一不小心就变成了自我意识过剩的人。

无论自己有没有意识到，羞怯的人对别人都有挥之不去的不信任。这种不信任，逐渐变成了莫名的不安。羞怯的人与别人在一起时很难感受到发自内心的快乐。与其说不开心，不如说是煎熬。在这种情况下，还要费心遮掩真实的自己，社交就成了一件极度耗能的事情。

原本，人和人之间的交流是一件令人愉悦的事情，羞怯的人却害怕别人靠近。因为不太会与人交流，对他们来说，社交就变成了苦差事，能躲就躲。但是没有人陪伴的话，又会觉得寂寞，独自一人时也并不开心。所以羞怯的人会觉得生活很痛苦。他们从来就没有体会过生而为人的乐趣。

而这一切都是因为他们无法信赖别人。如果有可以信赖的人，他们就可以从自己的壳里出来，就可以体会到活着的快乐。

无法信赖别人，是因为他们没有在一个可以信赖别人的环境中长大；无法表达自己的情感也好，胆怯也好，不擅长人际交往也好，是因为他们在没有安全感的环境中长大。

心理健康的人会觉得社交是件开心的事，而羞怯的人害怕与人接触。即使喜欢上了一个人，一旦真的要见面了，他们就会临阵脱逃。

但是，这些心理问题如果一直解决不了，那么，他们永远都无法体会到"生而为人，真好"的感受。而这本书，也正是为了帮助他们解决问题的一本书。

羞怯的人虽然也在很努力地走着，却总是原地踏步，无法唤起任何变化，所以很容易患上抑郁症。而那些心理稳定、从不怯场的人，在他们的生活里，情感可以时常得到释放，不会被深埋于心底。

无法信赖别人，是因为他们没有在一个可
以信赖别人的环境中长大。

　　羞怯的人需要的正是这个。不再逆来顺受，而是奋
起而战；不再只知道明哲保身，而是懂得坚持不妥协。
改变的痛苦或许如地狱之试炼。但如果不改变，就没有
出路；如果内心不孕育出新的东西，新的出路就不会为
你而打开。

　　这本书会探讨如何熬过改变的痛苦、如何生出爱等
方法。

　　哪怕仅仅是避开小石块，躲过半截木棍，这样的事

情他们也做不到。即使面前发生的事情无足轻重，羞怯的人也会不知所措。内心的垃圾就这样堆积成山。

为什么会那么害怕被人讨厌呢？为什么就无法堂堂正正地说出"我不要"呢？为什么想要别人帮忙时无法开口说出"拜托你了"呢？为什么与人相处时会一直担心自己哪里失礼呢？为什么不敢开口要钱呢？为什么无论什么事都是自己在忍耐呢？……

通过阅读这本书，可以找到这些问题的答案。

年长者与年轻人想要互相理解，是一件很难的事情；男人和女人想要理解彼此，也很困难；此外，历史已经证明了，来自不同文化背景的人们想要理解彼此也是阻碍重重。然而，比这些更加困难的是，孩童时期的需求都得到了满足、心理上也同步成长为大人的人和儿时的需求没有被满足、被迫放弃自己的需求的羞怯者，他们之间的互相理解。

这本书既是一本帮助羞怯者更多地了解自己的书，也是一本帮助其他人去理解这个群体的书。

目 录

第 1 章

为什么会自我封闭

1 羞怯者的特征

无法表达自己的意愿

人在有自信的时候，能够清楚地表达自己的意愿。

与羞怯的人相比，自信的人会用更直截了当的语言来表达自己的意愿——面对讨厌的东西，就说"不要"；想拜托别人帮忙，就说"拜托啦"；而羞怯的人因为缺乏自信，会掩饰自己的真实意愿，说话总是拐弯抹角的，会使用间接的表达方式和很多理由，所以对方常常搞不清他们想说什么。

因为无法明确表达自己的想法，他们自然也无法与他人良好地交流。"没有啦，我倒是无所谓……"或是"你觉得可以就好"或是"我也不是特别想去"等，总之，他们不会明确说出自己的想法。

给某个羞怯的日本人做导游的美国人，在做向导的过程中会忍不住说"请饶了我吧"。一问缘由，原来是完全搞不清楚对方到底是不是想去某个景点。

羞怯的人很怕给别人添麻烦，怕被认为是厚脸皮的人，怕被人讨厌。怀着这种不安的情绪，他们无法明确说出"想要这样做"之类的话。

想要进行有效的沟通，除了要有自信，也要清楚自己和对方的关系——自己现在是在与家人对话，与恋人对话，与昨天刚认识的人对话，与今天初次见面的生意伙伴对话，与长辈对话，还是与帮助过自己的人对话，一定要清楚与对方的关系。

羞怯的人难以把握社交的距离。更糟糕的是，他们的自我保护意识过强，一心只想让对方看到自己是个怎样的人，反而表现得对对方毫不关心。这就无法进行良好的沟通了。

由于害怕被人讨厌，会找些没有必要的借口，常常令人搞不清楚他们想说什么。有时对方并没有问，他们也会絮絮叨叨地说起来。

羞怯的人一直这样勉强自己。觉得冷的时候，连"好冷"都说不出；想吃乌冬面时，连"想吃乌冬面哪"都说不出。他们无法明确地表达自己的意愿，无法让对方了解，便只能被无视，这样一来又会感到受伤。

羞怯的人也曾试图沟通，但因为太想被人喜欢，就会勉强自己，结果却无法实现有效的沟通。不满的情绪就在心里积攒起来。

比如，学校里有位老师，明明生病发着烧，却硬撑着给大家上课。这时候，如果教室里有人窃窃私语，这位老师就会觉得学生很讨厌。"我发着烧还在给你们上课呢，给我安静点！"其实这样说出来就好了，但羞怯的人做不到。

又比如，与喜欢的人约好了见面，想要体现自己的诚意，在约定的时间之前到达，于是早早地就去了。而对方只是按时赴约，并没有感受到自己早早到达的诚意，羞怯的人就会觉得受伤。

羞怯的人面对这个人勉强自己，面对那个人也勉强自己，却得不到想要的回应。这样的事情日积月累，就变成了敌意。换句话说，他们并不是生来便具有攻击性的。

对方没有感受到自己的诚意，就觉得受伤。
这样的事日积月累，就变成了敌意。

说出自己的意见，并不是要强加于他人，只是把自己的想法向别人说明，把该说的事情说出来而已。说出目中无人的话才是任性妄为。

所以，羞怯的人一定要把自己的想法说出来。就算觉得丢脸也没关系，请大胆说出来吧！世界也会由此变得广阔起来。

想委婉地提醒对方自己的牺牲

与他人交流，一定要让对方明白自己的心意。如果对方了解自己，即使想说什么就说什么，人际关系也不会变得奇怪。

例如，自己明明带了三明治，但是对方问"要不要吃饭团"，便说着"谢谢"去吃饭团了，对方说"很好吃吧"，自己也会跟着说"好吃"。又例如，"我是价值50元的精品苹果"，明明这样就可以说出自己的价值，却要说"40元是不是有点便宜呀"。

羞怯的人总是这样吞吞吐吐，做着无用的努力。他们想要被认可，耗费了不少精力，却都是徒劳。

比如，他们想让别人了解自己做出的牺牲。就像苹果田里的苹果说："今年有好多场台风，总算挺到现在，真是费了不少力气……"而多年后，他们发现或者认为，周围的人并不理解自己。"大家到现在也不理解我。"出于这样的想法，他们开始强调自己的牺牲。

尽管羞怯的人也会照顾别人的感受，却不受欢迎，常会给人冷漠的印象。就好像作为苹果的他们，曾经在梨园里待过，周围的人并不欣赏苹果。长大成人后，即使在苹果园里，他们仍然会像在梨园里时那样说话。其实，苹果园里的每个人都是知道苹果的价值的。"如果你吃了这个苹果我会很开心的"，明明这样说就好，出口却成了"你不怎么吃苹果之类的吧"。**羞怯的人并没有和当下身边的人真正建立联系，他们的内心仍停留在过去——被不认可自己的人包围。虽然在他们身边的已经不再是过去的那些人了，现在身边的人会认可真实的自己，可是他们并不知道这一点。**

就像明明身在苹果园里，却以为自己是在梨园里。起初，被人说"你是一个烂苹果"，之后也总会听到这样的话，因此他们并不知道这世上也会有人认为"你是一个很棒的苹果"。

羞怯的人越是宣扬自己的价值，越是令人讨厌。如果不把精力浪费在没用的地方，或许可以做出很厉害的事情。

不清楚人际关系中的"边界"

羞怯的人建立和秉持的人生观，往往源自强势专制的父母。因此他们畏惧他人，几乎是理所当然。

神经衰弱的人以及羞怯的人，从小就不曾体会过"亲

近"，从未感受过与父母之间的亲密无间。只有明白什么是亲密无间，才能形成人际关系中的"边界"概念。比如，"有些事情只有父母才能做，换作其他人就不行"之类的规则，是边界感形成的基础。但是，由于他们小时候没有与父母那样亲密地相处过，就会缺乏"边界"的概念，甚至会希望初次见面的人可以像父母一样亲密地对待自己。

有句话说："欺凌是从家庭开始的。"羞怯这种性格的形成，也源自家庭。

有"女性恐惧症"的人会同路过的女性搭讪，这恰恰是因为他们害怕女人，也无法把握人际关系中的边界，只是循着自己内心的冲动行事。而这个冲动的核心，正是孩提时期的愿望。他把自己儿时的愿望强加在了陌生人身上。

美国社会学教授布莱恩·吉尔马丁（Brian G. Gilmartin）在其著作中提到，羞怯的人往往会急切地表现出自己的欲望而使女性感到异样。他们并不清楚现阶段二人之间是怎样的关系。在确定关系之前，他们在心里已经走得很远了。

一般人会想"这种情况的话，应该这样做比较好"来拉近两人间的距离；而羞怯的人只接触过长久而牢固的关系，不理解人际关系的亲疏远近之分，不懂初次见面时要说适合与初次见面的人说的话才行，因此无法自然地与人开始交往。

"怎样才能追到那个女生呢？"

羞怯的人是无法愉快地去琢磨这种问题的。

"下次会在会议上碰见，穿件稍微抢眼点儿的西装吧。可以坐在她斜前方，微笑着和她打个招呼。如果她对自己感兴趣了，就先装作不知道好了。对方一定会有点儿慌张，这时再忽冷忽热一下，看情况约她出来。"

羞怯的人可无法享受思考这些事情的乐趣。

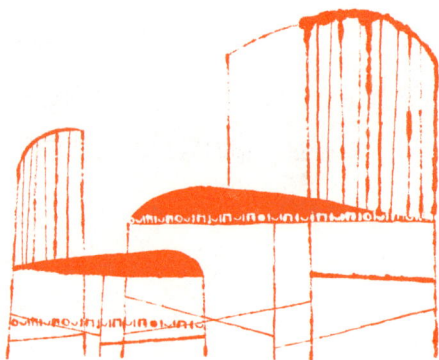

难以把握人和人之间的边界，不知道要怎么交流比较好。

"那个女人第一次见面时为什么那样对我笑呢？她一定是对我有意思。下次见她时要注意整理一下西装领子和坐姿。然后想想怎么把她追到手，花时间去实行。"

这种事，羞怯的人是万万不会去做的。因为他们本来就不怎么与人打交道，没有这样的能力，也缺乏主动推进的积极性。如果喜欢的女性没有立刻给予积极的反馈，那么主动提出邀约的机会，他们就会放弃。而一旦他们真正开口邀约，就会让人觉得十分突兀。

难以把握人和人之间的边界，也是当下年轻人的困扰："不知道要怎么交流比较好。"不必考虑距离感这种问题的时候，就是上网了，所以人们会觉得在网上交流很轻松。

有一位社交专家曾在电视节目上说过："如果是面对面时不能说的话，也不要通过邮件之类的方式说。"

话虽如此，但现实中通过网络交友的那群人，往往在面对面时也会说出不合时宜的话。

没有可以安心地敞开心扉的对象

羞怯的人一旦被问"为什么"就会感到不安。但人们有时并不是一定想知道为什么才问的。

人为什么会感到不愉快呢？那是因为感觉上出现了"偏差"。人们问"为什么"时，往往只是想把这种"偏差"的空隙填上而已。对话就是这样的。反过来，羞怯的人被告知"不行"时，却问不出"为什么不行呢"。

建立信任的第一步，就是问出来。"那本棒球的书借我一下。""不行。""为什么不行啊？"这是很正常的对话。羞怯的人却问不出口。其实，问出来会轻松很多。

情感的表达，要建立在对对方信赖的基础上。如果无法信赖对方，就无法敞开心扉。所谓敞开心扉，是在交流中，将自己的真心暴露在别人面前。所谓信赖，是知道对方即使了解了真实的自己，也不会抛弃自己的安全感；是即使暴露了自己，也不会受到伤害的安全感。而人与人之间的交流正是建立在这样一种安全感上的。这并不是自己一个人就能做到的事情，因此羞怯的人无法与他人好好地交流。

人前不能邋邋遢遢的，否则会让人感到不愉快。这是社交礼仪。但是，偶尔在亲近的人面前不修边幅是没关系的。和亲近的人在一起可以无话不谈。人身上具有的一些反社会的或者并不社会化的东西，可以通过这种亲密的交流得到消化。

然而，羞怯的人并不认为面前的人可以接受像傻瓜一样的自己。即使与社会的期望不一致，自己也可以被人接纳，这样的安全感与自信息息相关。只有当真正的自己被接纳时，人们才会表现出真实的自己，个性也才会体现出来。"说这种话会被嘲笑的。"如果有这样的恐惧和不安，就算是健谈的人也会变得沉默寡言。

羞怯的人需要有真实的自己被接纳的经历。一般人，

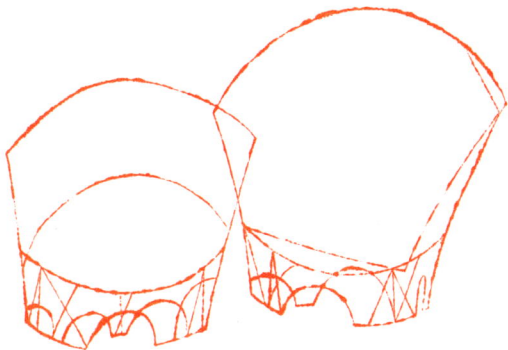

一个人想要表达自己的感情，是基于对对方的信赖。

即使冒一点风险，也愿意展现自己；而羞怯的人会彻底规避这种风险。

例如，有一个羞怯的人去朋友家做客。他问："可以在这儿待到几点？"朋友说："3 点吧。"他其实很想待到 4 点，却说不出"4 点不行吗？"这样的话。如果对方说"啊，时间差不多了"，他就会立刻起身告辞。"4 点不行吗？""不行呢。""哦，好吧。"明明就是这种简单的对话，他却做不到。

把自己的想法说出来，即使被讨厌也没关系，这就是人，这就是人的尊严。

说"好像"时，是在寻求爱

一位女士觉得面前男士的包很帅气，于是问："之前见面时好像没见过这个包，是第一次背出来吗？"

这位羞怯的男士是这样回答的："好像是吧。"

"是 Bally（品牌名）的包？"

"好像是吧。"

"怎么可能连自己的包都不知道，这个人真讨厌。"

她心里想。

这位女士不相信，一个人会对自己拿着的包一无所知。但事实上，的确存在这样的男性。有的人对包毫无兴趣，有的人则是装作漠不关心。上文这位女士显然认为这位男士是在装作不感兴趣。这里就产生了认知上的"偏差"，导致彼此之间有了误会，觉得对方是个讨厌的家伙。

有的人即使确定自己是第一次背出来，也不会说"是第一次背"，而是会说"好像是吧"。"好像是吧"就是羞怯、腼腆的男性会做出的回答。他们这样说其实是在寻求爱。"好像""也许"里边隐含的，是希望得到对方的关心、希望被在意的一种情感。但是，这样的反应常常会让称赞的人感到失落。

"还是算了吧。"对方会在心里说。对话也就到此结束，仿佛陷入一潭死水。

羞怯的人在小时候从未得到过直接的夸奖。他们身边的人也从来不会坦率地说出"你很棒"。在设法让别人更加理解自己这件事上，他们也缺乏努力。而上述对话中的"好像是吧"其实是需要补充说明的。

"这个包很帅气呀。"

"啊,看起来不错吗?这大概是 5 年前买的呢。"或者"真的吗?已经有些旧了呢。"都可以作为回答。如果不太明白对方的意图,也可以问"啊,什么意思"。

有了这样的补充说明,误会就会解开。如果对方还是不能理解,这位男士也意识到自己刚才说的话不符合常识,可以再加上一句"这是之前买的"。

但是问题在于,**双方认定的常识往往并不相同**。上文中的女士认为"人不可能对自己的随身物品一无所知",但男士并未对此做出任何补充说明。这就容易使关系变得越来越糟糕。

即使一方只是坦率地做出反应,有时也会令对方感到别扭。毕竟每个人的价值观、生活习惯是存在差异的。喜欢名牌的人与不在意品牌的人对话,难免会产生误解。比如上文的男士,嘴上说着"好像是 Bally 的吧",但在他眼里,包只是包而已。要不就会说"啊对,是 Bally 的"。如果是相亲,估计就到此为止了吧。

人与人不可能拥有相同的价值观和生活习惯,这就更使羞怯的人觉得沟通是件困难的事。

羞怯的人往往难以忍受沉默，跟别人在一起时总想说点儿什么。但他们即使与恋人见面时，也不知道该说些什么或是不知道如何表达自己的想法。所以，每次约会必须有明确的路线，每次见面时都提前制定详尽的日程，这样才能安心。这就是羞怯的人能做出的最大努力了。如果约会不顺利，他们就对对方产生不满，觉得自己明明已经那么努力了。

其实，**羞怯的人搞错了努力的方向，他们应该做的不是制定行程，而是去好好倾听和理解**对方。我们结识他人的途径是多种多样的。有的人是在工作中认识的，有的人有相同的爱好，有的人是打工时认识的。但是，羞怯的人总是自我封闭，比如工作结束了，就不会再联系曾一起工作过的人。但如果能够向别人敞开心扉、坦诚相对，即使不再有工作上的接触，也不会与那些人彻底失去联系。

2　无法表达自己的想法

害怕被拒绝

羞怯的人无法很好地表达自己的情感或意见。

美国社会学教授布莱恩·吉尔马丁曾经针对羞怯人群做过一项耗时超过 10 年的调查，调查主题是"社交退缩行为"。他采访了 300 名非同性恋取向的腼腆型男性，他们主要来自纽约和洛杉矶，也有少数几位来自美国南部。访谈在 7 所大学展开，计划每个采访用时 3 小时，但实际不少采访持续了 4 小时左右。

其中，年龄在 30 岁到 50 岁、未婚、性格内向害羞的 100 人，后文将用"羞怯的成年人"来称呼；年龄在 19 岁到 24 岁、未婚、性格腼腆的 200 人，后文则用"羞怯的大学生"来称呼。

作为对照，还有年龄在 19 岁到 24 岁、非腼腆性格的 200 人，后文称作"自信的大学生"。

另外还需提到的是，"羞怯的大学生"和"自信的大学生"是从相同的社会背景中抽取的。

据吉尔马丁在其著作（*The Shy Man Syndrome*, Madison's books）中称，在"是否难以表达自己的情感"这一问题上，66% 的"羞怯的大学生"和 93% 的"羞怯的成年人"都选择了"是"，而"自信的大学生"中，只有 19% 做出了肯定回答；在"你小时候是否很安静，不常哭"这一问题上，有 73% 的"羞怯的大学生"和 86% 的"羞怯的成年人"选择了"是"，而"自信的大学生"中，只有 16% 做出了肯定回答。

显而易见，和自信的人相比，羞怯的人更难以表达自己。

人会恋爱，羞怯的少年也不例外。然而，他们却无法向对方表达自己的感情。这是为什么呢？因为害怕被拒绝。此外，他们也不知道如何开口。羞怯的年轻人即使心里很喜欢对方，也不敢轻举妄动，只是在远处默默守护。

偶尔有机会坐在对方旁边，也不会搭话。别说是谈恋爱了，就连普通人际关系中的交流都会默默压抑自己。

其实，生活中有很多可以结交新朋友的机会，但是他们无法利用这样的机会。这样一来，机会反而变得令人郁闷。与其要努力搭话去构筑人际关系，还不如一个人待着。他们不具有那样的能量。因为缺乏自信而无法表达自己意见的人，总是在忍耐，慢慢地就变成了阴郁的人。

人们一旦在某件事上取得成功，之后就会不断地重

心里已经因为孤独在哭泣了。但表面上，反而常常做出强势的表现。

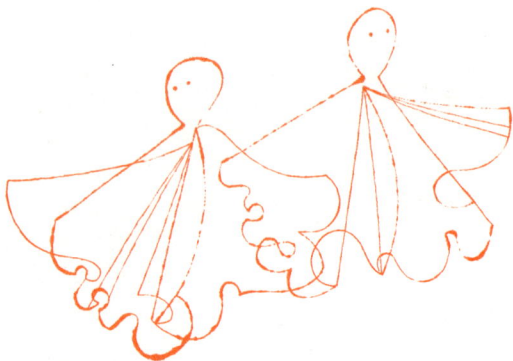

复成功。而羞怯的人无法制造初次成功的契机。他们经常会感到孤独。即使他们心里已经寂寞得在哭泣了，但表面上，反而常常表现得很强势。就这样，他们渐渐失去了温柔待人的心。而最危险的是，习惯了这样的孤独。

因无法表达自我而焦虑

人在释放负面情绪的时候，才能得到治愈。而羞怯的人无法表达自己的感情，因此，他们受伤的心灵永远无法得到治愈。就像堵车的马路一样，心灵长期处于负面情绪堵塞的状态。由于意见与感受得不到表达，负面情绪会逐渐积累，于是他们就会焦虑，感到压力。

与之相随的则是孤独。而孤独会使因无法表达情绪而产生的焦虑进一步放大。

例如，一个人在回家的电车上，心里愤愤地想着"今天主管竟用那种态度对我，绝对不会原谅他"。但其实，如果在气愤的当下就向主管抗议，回家时的心情就会轻松一点；或者和关系好的同事找个地方喝一杯，尽情地吐槽，把愤怒的情绪发泄出来，心情也会变得轻松。

羞怯的人因为难以表达自己的意见，所以会给人谦虚的印象。但这并不会使他们感到满足。自己言辞谦逊，但听到的人却照单全收，也会使他们感到愤愤不平。

例如，一个人认为自己的英文很不错，却谦虚地说"我的英语马马虎虎"，但如果对方听了只是说"原来是这样"，他就会不高兴，私底下会想说那个人的坏话，打心底讨厌那个人。

他们表现得很谦虚，只是因为想要被尊敬，被喜爱，并不是真正的谦虚，因此才会因为对方照表面意思理解

一直以来，无论是否愿意，总要向别人妥协，被压抑的愤怒或许正是由此产生。

自己的话而心存不满。所以，虽然羞怯的人常常妥协，但他们并非从心底认可对方的意见。所以每次妥协，愤怒就会在心里逐渐积攒，然后整个人变得烦躁不安。

我曾写过一本《电车是"心灵的休息室"》的书。总是烦躁不安的人，在电车里，会思考为什么自己会这么烦躁。也许羞怯的人也会在这本书里找到自己的原因。

一直以来，无论遇到什么事，自己总是要向别人妥协，这也许就是被压抑着的强烈愤怒产生的原因。

不说"NO"就会被骗

在羞怯人群里，有一部分人患有无法与人对视的"视线恐惧症"。与人四目相对后，他们就会手足无措。

如果明确地知道自己要怎么做，即使与他人对视，也不会不知所措。但羞怯的人没有主见，这大概是他们害怕与人目光相对的原因。就算是在便利店结账时，也不敢抬头。总之，先躲开他人再说。

而做事的时候，他们也不会去争取主导权，因为担心自己主导的结果会令对方不满意。与其说拿不到主导权，不如说他们常常被剥夺了主导权。因此，很容易被狡猾的人利用，变成冤大头，在商务等方面也很容易失败。

例如，当羞怯的人被告知"没什么可担心的，请在这里签名就好"时，就会不由自主地直接把字签了。"不，我不太理解这些条款的意思，我需要与我的律师商量后再作决定。"他们其实很想这样说，却说不出口。就连"我不太明白，没办法签字""我想再考虑一下再说"这样的话，他们都说不出来。

辛苦工作赚来的钱就这样被人轻易地拿走，这既是羞怯的人的悲哀，也是他们的特征。

从小时候起，他们所见到的世界与他们被世界对待的方式，这两者并未形成一个良性的互动。**他们的父母从来没有正视过他们的需求。这一切使他们习惯了逆来顺受，即使长大成人之后，也总是在关键时刻流露出软弱。如果被别有用心的人逼着做决定，他们即使不情愿，也往往会妥协。**

最近发生在日本的一个人被装修公司骗钱的案例，背后就有这方面的原因。羞怯的人即使明知道有时不拒绝的话，会令自己蒙受损失，也难以对别人的要求说"不"。说"不"意味着要表达自己的真实想法，而羞怯的人对此十分恐惧。

除了装修公司，羞怯的人也常被各种各样的人当作冤大头，这其中甚至包括他们信赖的人。因此，羞怯的人容易患上抑郁症。得了抑郁症，说着"不如死了算了"这种话时，他们其实是想要一个出口来释放心中的怨恨。患上抑郁症的人悔恨不甘、想要发泄时，不会对外表现出攻击性，而是会产生"死掉就好了"这样的念头。正因如此，周围的人无从察觉他们悔恨的情绪，有心计的人反而会抓住他们的弱点得寸进尺。

最令人感到痛苦的，莫过于得知自己被欺骗了。"骗得我好苦。"这样想的时候，内心一定是无比苦涩吧。然而羞怯的人因为太寂寞，常常会把客套或者是装出来的亲昵当真。因为他们从小就压抑着自己，在这个过程中逐渐变得不喜欢自己，也无法感受到快乐和生活的美好。

根据前文提到的吉尔马丁教授的问卷调查结果，针对"人生中是否有许多有趣的事"这一问题，"羞怯的大学生"中做出肯定答复的人仅占 34%，而"羞怯的成年人"里仅有 20%。

因为想做的事总是做不了，而自己又好像总是在做一些没有意义的事情，所以羞怯的人难以产生满足感、安全感、成就感这些正面情绪。如果所做的事情可以带来正面情绪，他们就会找到方向，领悟到"今后要像这样生活下去"。

易患抑郁症的羞怯者

羞怯者在他人前会变得拘谨而笨拙，所以他们千方百计地避免被人搭话。例如，去食堂的时候，他们会带本书看。与人见面令他们深感疲惫，因为自己会坐立不安，无法放松。

心理咨询师阿伦·贝克（Aaron T. Beck）对抑郁症病人做出的描述与羞怯的人十分相似："抑郁症患者不会主动交谈或主动陈述，当被询问时，会用有限的词语做尽量简短的回答。因为他们没有什么想说的话。但如果是讲别人的坏话，即使是与当下的情况毫无关系，他们也可能会一吐为快。"[①]

这样一来，羞怯的人如果做销售工作，就很难有良好的业绩。销售业绩好的人，往往是积极、乐观、自信的人，也并不讨厌与人接触。

这里要特别注意，优雅与羞怯两者是不同的。

总之，羞怯的人无法表达自己的感情。因此，就像斯坦福大学教授、著名心理学家菲利普·津巴多（Philip G. Zimbardo）所说的那样，害羞的人容易得抑郁症。

在与他人对话时，人们会投入其中，在将自己展现给他人的同时，也可以通过对话更加了解自己是个怎样的人。在我翻译过的美国心理咨询师麦金尼斯（McGinniss）的著作中，他写道："向别人展示你自己，这样你就会了解自己。"

这话一点都没错。而羞怯的人不敢将自己的内心示人。羞怯的人因为对外界持有很强的警惕心，所以无法放松地投入对话，难以表达自己的情感。津巴多认为，

[①]　"The patient does not initiate a conversation or volunteer statements and, when questioned, responds in a few words." Aaron T. Beck, *Depression*, University of Pennsylvania Press, 1976, p.41.

当我们过于巧妙地在他人面前隐藏真实的自己时，会增加迷失自我的风险。[1] **如果总是在别人面前隐藏自己，就难以客观冷静地分析自己，进而无法了解自己。**

那么，所谓"迷失自我"指的是什么？就是自己也不了解自己的感情，不知道自己真正想做的是什么。

为什么无法表达自己的想法

羞怯的人尽管从不主动表达自己，却仍希望别人能够懂得自己的感情。他们既想做绅士，又想撒娇。这就有些贪心了。如果真是个愚钝的傻瓜，或许会好受些，可事实又并非如此。

他们从不说"我想这样做"，而是说"既然大家想这样"。他们一边说着言不由衷的话，扮演着温柔随和的角色，一边暗自希望事情可以按自己的想法发展。"那样做会不会更好一点？"喜欢这样说的人，也是一样。

美国某所大学招收短期语言留学生，并设置了初级、

---

[1] Philip G. Zimbardo，*Shyness*，Addision-Wesley Publishing Company，1977，p.114.

中级、高级 3 个阶段。其中，学生们对中级阶段的外语老师表示了不满。一位负责日本留学生的工作人员因此与学校进行了交涉，但学校并没有更换老师。不过，在学生们的送别晚宴上，校方没有邀请这位老师参加。于是，学生们拜托学校把这位老师也请过来参加。这一举动令美国大学的工作人员感到十分诧异。也就是说，学生们之前所表现出的不满，并不是他们真正的想法，只是发发牢骚罢了。

人为什么会回避表达意见这件事呢？因为害怕表达

为了让别人喜欢自己，他们做了不知道
多少让自己难受的事情。

了意见而被别人讨厌。**有很多人为了不被讨厌而守口如瓶，这样做其实是牺牲了自己真实的感受和想法。**但为了让别人喜欢自己，他们做了不知道多少让自己难受的事情。随着一次又一次的伪装，逐渐变得不知道真实的自己到底是一个怎样的人。因为害怕被讨厌，害怕变成孤家寡人，便会跟着别人做出相同的选择和行动。

但如果认为不发表意见的都是性格温顺的人，那就大错特错了。他们的心底其实暗藏敌意。因为心底隐藏着怨恨，他们有时会为别人的不幸遭遇而暗自欢喜。

在强势专制的家长养育下形成的恐惧

羞怯的人之所以会形成这种性格，是因为他们的成长环境十分恶劣，在那样的环境中，他们不敢表达任何意见。一想到自己所表达的情感不合家长的意将带来怎样的后果，就害怕得什么也不敢说，不敢做。

比如，对别人表现出崇敬之情，"哇，那个人好厉害"，说不定就碰触了自卑感强的父亲的逆鳞，然后一直被责骂到半夜。从此以后，他们就会害怕表达自己的情感。

又比如，因为养的小狗死了，伤心得不能自已，而父亲却说："堂堂男子汉，死了一条狗就难过成这样，真是个废物。"从此以后，他们就再不敢流露出悲伤的情绪。

即使长大成人后，这种恐惧仍会牢牢刻在记忆深处，很难消失。**每当想要说出自己的想法时，记忆深处的恐惧就会立刻苏醒，令他们害怕得什么都不敢说。所以他们无法表达意见，也无法展现自己，就这样逐渐把自己的心封闭了起来。**

心门紧闭的人是被儿时的恐惧支配的人。如果能在经历恐惧之后很快得到抚慰，就不会留下这样的后遗症。但羞怯的人在经历恐惧之后，没有得到任何的抚慰。如果当时能有母亲之类的角色介入，或许就可以让他得到治愈。

没有经历过这种恐惧体验的人，是难以理解这种恐惧的运行机制的。

有这样一位名人去参加了某个活动，在饭局结束之后，有人对他说："接您回去的车已经准备好了。"他明明有车，却没有拒绝，而是把自己的车留在那里，上了别人安排的车辆回去了。

当听到"车已经准备好"时，曾经因拒绝别人而被讨厌的那种恐惧瞬间涌遍全身，于是他无法开口拒绝。小时候，他曾因为拒绝了对方的好意而经历了可怕的体验。这种记忆仿佛深入骨髓，使得他在长大成人之后也会条件反射一般地立刻说"谢谢"，甚至自己都来不及察觉。

在某个实验中，人们给一匹马播放某种声音之后，便给它所在的地板通电。反复几次后，即使仅仅播放声音，不再给地板通电，马也会在听到声音后扬起蹄子。"事实上，这匹马的行为，在过去（通电时）是有意义的，而现在只是固执而无意义的举动。"[①]就像马条件反射似的扬起蹄子一样，在想要展现自己的那一瞬间，羞怯的人也会被恐惧支配而选择闭嘴。

没有哪一个孩子能够在专制强势的家长的控制下自由地表现自己。有人会对经常受欺负的孩子说："那你就骂回去啊。"说这话的人一定没有体验过反抗带来的可怕后果。事实上，在家长专制的家庭中，根本没有"还

---

① 《你在被误解》（Paul Watzlawick, *How Real is Real?*），小林熏译，光文社 1978 年版，第 60~61 页。

嘴"这回事。除了服从，孩子做什么都不被允许。顺从、听话是最重要的美德。在这种家庭中成长的孩子总是在压抑自己的情绪，总是心怀恐惧。而那些被压抑的情绪，并不会简单地消失。

同样是生于这个世上，另一些孩子会被鼓励说出自己的观点，表达自己的感情。而在可以自由地表达自己的环境中长大的人，是难以理解这种恐惧的。

有的人生于"天堂"，有的人生于"地狱"。因此，对有的人来讲，人间就是天堂；对另一些人来讲，人间

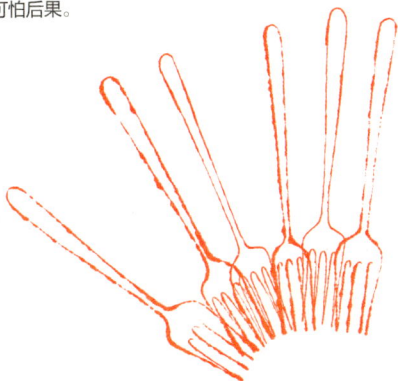

"那你就骂回去啊"，说这话的人一定没有体验过反抗带来的可怕后果。

即炼狱。

当听到对方的意见与自己的相左时，习惯了顺从的人除了封闭自己的心，不知道还可以做什么。而把自己的心封闭起来有多么痛苦和压抑，仅凭想象很难体会。那是一种深深的绝望和孤独，是一种自己的感受无人理解的悲愤交加的复杂情绪。

感到纠结时，也不知道该如何应对，除了封闭自己的心，想不到其他对策。就这样，**羞怯的人常常压抑自己正当的攻击性，而这意味着他们会在无意识领域付出巨大的代价，即在无意识的状态下丧失自信。**因此，无论在社会上有多么成功，他们也没有自信。

"看守"与"囚犯"的关系

羞怯的人从小就活在由"看守"与"囚犯"构成的人际关系里。"囚犯"虽然会迎合"看守"，但内心并不喜爱"看守"。

菲利普·津巴多曾做过一个十分著名又饱受争议的"斯坦福监狱实验"。所有参与实验的人事先已通过心理测试，可以被看作是心理健全的。实验开始后，研究人员随机地将这些人分为两组，一组被委派了"看守"的角色，另一组被委派了"囚犯"的角色。"看守"一开始会表现得傲慢无礼，后来变得对"囚犯"越来越残忍，再后来甚至表现出施虐狂的特性；而"囚犯"一旦反抗，就会受到惩罚，他们承受着情感上的痛苦与无助，甚至愚蠢地适应了所有的规则。[①]

在专制强势的父母面前，孩子就会产生类似的反应。**羞怯的人从小就生活在这种类似"看守"和"囚犯"构成的环境里，所以他们理所当然变得顺从，迎合别人是他们学到的唯一的生存法则。**

津巴多还提到，有一部分极端羞怯的人，他们的身上同时存在着两种人格角色。例如，据日本一项调查显示，校园霸凌中的施暴者和受害者，常常是同一个人。小学时遭遇霸凌的人，中学时就变成了施暴的一方，以此来发泄心中积攒的怨恨。

羞怯的人在身为"囚犯"时，想要成为的角色其实

---

① 《羞怯〈一〉腼腆的人》(*Shyness*)，木村骏、小川和彦译，劲草书房 1982 年版，第 1~2 页。

是"看守"。对他们来说，"理想中的自己"和"现实中的自己"之间存在着巨大偏差。因此，他们每天都背负着沉重的心理负担，一边感到烦躁，一边无意识地顺从他人。

羞怯的人害怕与人有矛盾。与人对立会使他们觉得尴尬和无所适从，与其让事情发展成那种局面，他们宁可选择缄口不言。

但是，不敢表达自己的想法，并不代表他们没有想法。他们有想要说的话，甚至心里比一般人更任性，想说的话比一般人更多，表面上却表现得更顺从。所以，他们的心里自然会积累更多不满，但这种不满他们也是不会说出来的。

然而，如果长期隐藏自己的想法，就会逐渐变得不知道自己真正想要什么，最终变成心里莫名地觉得不舒服。

选择"不说"的人们

到目前为止，在描述羞怯的人时，我们用的都是"说不出"这样的字眼，但实际上，他们是"选择了不说"。

当然，在他们的意识中会认为自己是"想说"却"说不出"。但如果把无意识也考虑进去，其实还是他们自己"选择了不说"。也就是说，他们尽管在意识上有表达的欲望，却会受制于无意识里的恐惧，最终选择缄口不言。在"说"与"不说"这两个选项中，他们遵从了无意识里的恐惧，而选择了"不说"。

"人先做出了某种行动，此后，每次的行动都会强化其背后的理由和动机。"持此观点的是《"自我"创造的

> 然而，如果长期隐藏自己的想法，就会逐渐变得不知道自己真正想要什么，最终变成心里莫名地觉得不舒服。

原则》的作者——美国著名的精神科医生乔治·温伯格（George Weinberg）。他认为，**无意识里的这种恐惧，在每次想说却最终选择不说时，都会进一步增强。也就是说，羞怯者这种羞怯的特质，往往会越来越严重。**

从吉尔马丁的调查结果也可以看出这一点。年纪更大一些的羞怯者，与年轻的羞怯者相比，羞怯的特质更加突出。

我们为了追求意识上的安全而行动。但是，在无意识的领域，我们确实付出了代价，却没有考虑无意识付出代价的这个问题。所以，就像奥地利的精神科医生伯朗·沃尔夫（Beran Wolfe）所说，幸福与不幸都是呈复利式增长的。这与乔治·温伯格的观点"人的行动会强化它背后的动机"不谋而合。

我们做生意时，会选择交易的对象；买东西时，会根据价格或品质做选择，也会选择去哪一家店里买；进了餐馆，会看一下菜单，琢磨吃什么。人们会很自然地考虑，是吃拉面，还是吃咖喱呢？

我认为，这种事情每个人都会选择，或者说，在意识上做出了选择。但其实，在平淡的日常生活中，我们也无意识地规避掉了很多东西。事实上，这种规避也是一种选择，就像上文提到的，是无意识里做出的选择。

无意识的不满

为什么羞怯的人无法表达不满？

那是因为想要得到大家的喜欢。

他们对谁都是笑脸相迎，但心里怀着不满，积攒了巨大的压力。所以，羞怯者的沉默并不意味着满足，只是因为不知所措才一言不发。**不满在他们的心中越攒越多，于是，无法对外展现的攻击性就会转而瞄准自己。**所以，有些人会患上抑郁症或者失眠。有时候自己能意识到这一点，有时候又意识不到。

羞怯的人，与一般人不同，他们的不满没有出口。德国图宾根大学的教授恩斯特·克雷奇默（Ernst Kretschmer）把这种释放感情的能力称作"传导能力"。羞怯的人不具有这种能够处理堆积情绪的"传导能力"，因为他们从小就养成了通过压抑自己来讨好别人的习惯，无论何时都要忍住想说的话。

愤怒一直找不到出口，就会转而攻击自己，
人就会逐渐抑郁。

　　但是，**这些不满的情绪不会自行消失，而可能会被驱赶到无意识的领域**。也可能是有意识地，从某种时候开始，羞怯者养成了迎合他人的交往方式。于是，日复一日，心底的不满越积越多。在自己意识到之前，这种不满已经多到无法估量。而这一定会对那个人的性格产生影响。

　　羞怯的人好像对一切都有不满，任何事物都可能令他们感到不快，别人无论怎么做，都会令他们感到火大。在无意识里，或许别人的存在本身就已经令他们不高兴了。但这些他们都会忍耐下来。因此他们变得抑郁，就不是什么奇怪的事了。

为了被上司喜欢而压抑自己的感受，变成让上司觉得容易相处的下属；反过来，想要被下属喜欢的上司，也会克制自己的任性，让自己从下属的视角来看是个好相处的上司。因为想被恋人喜欢，就压抑自己的脾气；想被配偶喜欢，就压抑自己的情绪。

虽然说是压抑自己，但并非出于为对方着想，而是因为害怕被对方讨厌。人一旦感到恐惧，就会关闭心门。而这种恐惧，以及由恐惧而滋生的不满，会破坏人的沟通能力。一旦缺少沟通能力，努力就难以得到回报，反而会在错的路上越走越远而惹得对方大动肝火。

就这样，明明做了各种努力和尝试却没有成效，羞怯的人就会心怀怒气。即便如此，他们依然会选择压抑愤怒。愤怒一直找不到出口，就会转而攻击自己，人就会逐渐抑郁。津巴多所说的"羞怯的人容易得抑郁症"，就是这么回事。

3 对努力的自己没有信心

无助的人生

羞怯的人无法寻求帮助。他们往往从小就独自生活，周围既没有可以依赖的人，也没有懂得关怀他们的人，凡事只能依靠自己。在长大成人的过程中，也从来不觉得会有人来帮助自己。所以，他们并没有与人合作的习惯，也没有接受别人帮助的习惯。他们甚至意识不到这是一件痛苦的事。

由此看来，羞怯的人其实是非常努力生活的人，他们真的可以给自己多一点信心。"我是个了不起的人"，他们应该有这种自信的，因为他们做到了一般人难以做到的事情。

他们往往从小就独自生活，凡事只能依靠自己。所以，他们并没有与人合作的习惯，也没有接受别人帮助的习惯。

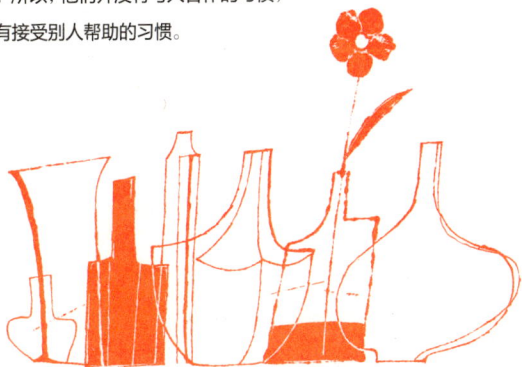

但羞怯的人一旦被表扬，就会十分害羞。因为他们不认为自己值得被表扬。被表扬的那个形象，与他们的自我映象存在偏差。**羞怯者的自我映象十分糟糕，但这其实是一种错误的判断。**我想称之为"自我无价值妄想症"，这与自我膨胀完全相反。

如果考虑到他们的成长环境，羞怯的人有充分的理由相信自己是很了不起的。在没有任何人帮助的情况下，独自奋战到了现在。除了他们，还有谁能做到这一点呢？

根据上文提到的吉尔马丁的调查（The Shy Man

Syndrome），针对"成长过程中是否有人帮助过你们"这一问题，90%的"羞怯的大学生"和100%的"羞怯的成年人"都回答"没有"。这真是个可怕的数字。相对地，在"自信的大学生"里，有59%的人回答说"有三四个人"。

针对"20岁以前，是否有人给予过你们鼓励或是其他情感上的帮助"这一问题，"羞怯的大学生"中给出肯定答复的人只占8%，"羞怯的成年人"这一比例是0；而在"自信的大学生"里，这个比例高达53%。

还有更令人不可思议的结果：针对"现在是否有可以信赖的人"这一问题，羞怯的人给出的肯定答复比例为0，而"自信的大学生"为100%。

0和100%，这真是令人难以置信的可怕数字。

羞怯的人就像一个没有辩护律师的被告，站在法庭上独自面对审判。津巴多认为，对于羞怯的人来说，就连他们的母亲也是如审判官一般的存在。

重建自己的形象

羞怯的人之所以没有自信，是因为他们认为所有人都是在与自己相同的环境下长大的，并以此为前提，将自己和别人进行比较，进而对自己失去了信心。

事实上，每个人的成长环境都是不一样的。羞怯的人应该将自己的成长环境考虑在内，"能一直努力撑到现在，真是了不起"，应该像这样认可自己。他们长期以来的努力确实值得赞赏。

羞怯的人需要做的是，改变糟糕的自我映象，改变"我不值得被赞赏"的那种执念。

诚然，在这个世界上，有些人在处理感情方面的事情很成熟，有些人心理十分健康，有些人实现了自我价值，为社会做出了贡献。我们会赞赏这些人，他们确实都很了不起。但是，这些人小时候有可以信赖的人，他们是在饱含母性关怀和保护下长大的。用著名的儿童研究者约翰·鲍尔比（John Bowlby）的话来说，就是："他们在长大的过程中，相信可依恋对象的存在。"

与之相对的，羞怯的人从小并没有受到过母性的保护，身边缺乏母亲或是类似母亲的角色存在。

"母亲在怀你的时候有节食吗？"针对这个问题，44%的"羞怯的大学生"和47%的"羞怯的成年人"都回答了

"是"，而在"自信的大学生"中该比例为0。把自己的孩子变成羞怯的人的那些妈妈，即使在怀孕的时候，也会因渴望让自己看起来苗条而不愿意为了孩子多吃一点。

针对"母亲是否讲述过生孩子时的痛苦"这一问题，12%的"羞怯的大学生"和16%的"羞怯的成年人"都回答了"是"，而在"自信的大学生"中这一比例为0。妈妈会对孩子倾诉生育的痛苦，这本身就是一件不太正常的事。令人遗憾的是，羞怯者的妈妈们身上缺乏作为母亲应该具有的一些特质。她们总会责怪孩子哪里做得不好，却从不认可他们的努力。

羞怯者身边的人只会责怪他们。但即便如此，他们也并没有因此而形成反社会型人格。这已经是值得夸奖的事了。从小到大，他们的成长始终伴随着批评和指责的声音，于是认定自己是个一无是处的人。这便是"自我无价值妄想症"。他们自认为是离了别人就活不下去的弱者，但身边却没有一个可以依靠的人，遇到困难时也不会有人来帮助自己。活在这样的人际环境里，他们会更加执着于自我。正因为没有人可以依靠，便更加认定了只有自己才能帮助自己。

迎合别人，或是做个八面玲珑的人，都不是他们真心想要的。但他们会不自觉地这样做，会认为这是理所当然的。在缺乏母性的保护、无人依靠的人际环境下成长，人会变得偏执，这就像打雷下雨一样自然。

羞怯的人会意识到自己是一个偏执的、令人讨厌的人。但即便如此，也要相信自己值得称赞。一个人的价值并不仅仅取决于他的社会价值。**即使一个人并没有什么社会价值，但作为人本身也是具有价值的。**相反，有很多人具有很高的社会价值，但作为人本身并没有什么价值。

一个人的战斗

津巴多指出，羞怯的人也会希望自己可以站在聚光灯下受人瞩目，然而，当灯光真的聚在他们身上时，他们就会立刻逃离，因为他们认为自己不配站在聚光灯下。

但事实并不是他们想的那样。他们完全有资格站在聚光灯下，可以拿出自信来，受人瞩目。

一般人从出生之后，在有需要时总能获得他人的帮助。当然人无完人，身边人能够给予的帮助是有限的，但起码可以提供最低限度的帮助。所以，一般人并不是孤身奋战，在难过的时候，也有人可以提供庇护。

但是，羞怯的人身边没有可以庇护他们的人。被人责备时，没有人为他们挺身而出，连他们的母亲都不会出面庇护。在这样的人际环境中长大，无论是谁，大概都会变成迎合强者的人，因为除此之外别无选择。即使劝说他们不要迎合也于事无补。而进行这种劝说的人，都是在遇到困难时得到过帮助的人。

羞怯的人一直都在孤军奋战。即使被欺负，也没有人帮助他们，只能独自默默忍耐。除了成为对身边人来说是"有用的人"这样的存在，他们没有别的生存之道。所以，当有抑郁倾向的人感到"自己是有用的"的时候，心理上会好受许多，[①] 当认为自己对周围的人有帮助时，他们会感到安心。

在羞怯者的精神世界里，他们从出生以来就是孤儿。真正的孤儿还有孤儿院可以保护他们，但心理上的孤儿在哪里都得不到保护，没有人帮助他们，自然也没有人

---

① 《抑郁症患者与氛围》，大森健一著，收录于《狂躁症的精神病理〈三〉》，饭田真编，弘文堂1979年版。

教他们该如何生存。

举个例子，羞怯者的特征之一是"无法表达自己的意见"，这也是自然，因为从来没有人教过他们该如何表达自己。至于心理上的原因，我会在别处做说明，此处暂不赘述。包括父母在内的身边人从没有告诉过他们"这种时候，要清楚地把自己的想法说出来比较好"；更不会有人告诉他们"即使表达了自己的想法，也不会让任何人感到不愉快"。他们就是这样长大的。

在现实世界中，听了你的想法，或许有人会感到不愉快，但也有人不会。"不注意礼貌的话会被周围的人讨厌哦""你这种态度会让别人不高兴的""什么样的人都有，因为被夸奖了几句就飘飘然的话，将来可是会吃苦头的"等，羞怯者身边缺少的就是这样教给他们"生存之道"的人。

"学校的功课独立思考完成比较好""只要把能做的事情做好就可以了，不要逞强，做你自己就好"，没有人对他们说过类似这样的话。在能力范围内尽量做好就很棒了，没有人告诉他们这一点。

没有人通过教导让他们学会自我肯定，也没有人让他们感受到"我是有价值的"。因此，**羞怯的人为了保护自己，会去迎合强者；或是想要展示自己的优越之处，如果比不过别人，就会自暴自弃，放弃努力。但无论哪一种，都不是妥当的生存方式。**

尽管羞怯的人也想认真地生活，却总是试图去做自己现有状态下难以达成的事情，结果只能是无功而返。他们并不能真正理解人际关系，不知道什么事情可以去拜托谁帮忙，在社会上也会屡屡受挫，逐渐在心底堆积巨大的不满。

没有人让他们感受到，自己是有价值的。
因此羞怯的人为自保，会去迎合强者。

孤独感带来的黑暗

斯坦福大学的心理学家西摩·莱文（Seymoure Levine）做过一个实验：在用光束照射猴子的同时，给予猴子持续性的电流刺激。此后，即使停止送电，猴子只要被光束照到，就会产生恐惧的反应——血压上升，皮质醇水平升高。但是如果这个猴子跟同伴在一起时，它对光束的反应水平就会减半。在另一个实验中，它们的血压并没有升高。[1]

特伦巴赫在著作《忧郁症》[2]里写道，忧郁亲和型的人血压普遍偏高。我想，原因之一就是他们觉得自己孤立无援。现在，日本的老年人中血压高的人很多。当然，这可能是各种原因导致的，例如医生一提到血压高，就会说是盐分摄取过多、运动不足等生理原因。但这并不

---

[1] Daniel Goleman.Ph.D., and Joel Gurin, *Mind/Body Medicine*, Consumer Union, 1993, p.337. "Feeling supported by others may serve as a buffer that mitigate the output of stress hormones during traumatic situations." Evidence comes from animal studies conducted by psychologist Seymoure Levine at Stanford University.

[2] 《忧郁症》（Hubertus Tellenbach, *MELANCHOLIE*, Springer–Verlag, 1961.），木村敏译，美须书房 1978 年版。

是全部的原因，孤独感才是最大的诱因。

俄亥俄州州立医学院免疫学教授罗纳德·格莱泽（Ronald Glaser）和心理学家珍妮·格莱泽（Jenny Glaser）曾对学生进行了一项实验。[1] 实验中，由于压力的缘故，免疫系统的细胞活动减弱。但是，与孤独的学生相比，感觉与朋友、家人有联系的学生免疫系统的变化并不大。

羞怯的人虽然也有家人和朋友，但他们不仅不提供帮助，甚至就是羞怯者的压力来源。普通人的家人和朋友会帮助他们，而羞怯者的家人和朋友却会欺负他们。也就是说，对普通人来说，家人和朋友可以带来正面的影响，而羞怯者的家人和朋友带来的却是负面影响。

羞怯的人会成为家人和朋友发泄负面情绪的宣泄口。正因为如此，他们所承受的压力比普通人更大。因此，免疫系统的细胞活动会变弱，导致他们更容易生病。忧郁症患者也一样。

那他们为什么不能求助呢？

"她不喜欢受人恩惠，因此也从不愿意向别人求助。"[2]

---

[1] *Mind/Body Medicine*, p.337.
[2] 《忧郁症》，第 251 页。

"大家都对她很亲切，而这种情况却令她感到更加不自在。"①

羞怯的人无法开心地接受别人的好意。这是为什么呢？因为在被养大的过程中，他们就好像在处处受人恩惠一样。

本应是精力充沛的人……

羞怯的人只体验过利用和被利用的关系，缺乏互相帮助的经验。而人与人其实就是在互相帮助的过程中变得亲近的。

羞怯的人并不是在一个人们彼此温柔相待的环境中长大。在他们的成长环境中，人们是彼此厌恶的。如果他们是在一个人们互相为对方着想的环境里长大，就会自然地养成那样的习惯，而他们并不是。

羞怯的人无法寻求帮助的另一个原因是，一旦寻求帮助，就会与人形成某种羁绊，而他们不愿与人接触。

_____

① 《忧郁症》，第 253 页。

因为在他们迄今为止的人生里，一旦与人有所瓜葛，自己就会吃亏。由于这种糟糕的经历太多，他们会形成这样的预判。**羞怯的人不懂得如何保护自己，会试图以胜过别人的方式来保护自己。但其实保护自己的方法应该是，把自己的想法传达给别人，与别人做朋友。**

更重要的是，羞怯的人讨厌别人。羞怯的人说不出"给我做饭吃""借我一下"这样的话。在吃饭时，他们也没办法指着桌上的某一个东西说"帮我拿一下那个"。这都是因为在座的是他们讨厌的人。

心理健康的人也不愿意向讨厌的人寻求帮助，不会突兀地对别人说"帮我……"。"你去复印""你去打扫房间""买点花""这一部分我来做"，能以这种口吻对话的人一定是关系亲密的人。

羞怯的人无法理解即便向对方提出要求，自己也会被爱，被喜欢；他们坚信，只有为对方做些什么，满足对方的要求，自己才会被爱。事实上，这正是他们小时候的经历告诉他们的。尽管环境已经发生了变化，但他们的内心没有改变。

羞怯的人和心理健康的人，他们的成长环境是天差

羞怯的人无法理解即便向对方提出要求，
自己也会被爱，被喜欢。

地别的。有的父母会让孩子充满活力，而有的父母会令孩子畏惧退缩。这两种父母养大的孩子有着天壤之别。就像有人是顺水行舟，有人是逆流而上，后者拼死努力，也难以前进。羞怯的人就是在激流中逆流而行，拼命努力到现在的人。他们其实是很了不起的。

羞怯的人看着那些心理健康的人，会发出"真是精力充沛呀"的感叹，但或许他们自己才是更精力充沛的人。

对孩子来讲，母亲是最重要的角色。一边是具有母性和温情的母亲，一边是如同审判长一样的母亲，这两种母亲带来的影响恰恰是一正一负。在生活中，普通人会不断收到身边人输送的能量，而羞怯的人则一直被自己的父母剥夺能量。

人的性格是怎样形成的呢？

"成年人的性格，被认为是在未成熟时期与身边重要人物的互动之中形成的，特别是与所依恋之人的互动起到了很大的作用。一个幸运地出生于正常家庭、在父母关爱和陪伴下长大的人，总是很清楚在哪里能找到可以给予他们支持、安慰和保护的人。或者说，他们认为世界就是这样运行的。当遇到困难的时候，他们潜意识里相信总有一个值得信赖的人，在任何时候都会向他伸出援助之手。"[①]

被爱着长大的人，在面对令他们感到惶恐不安的情况时，会很自然地找他们信赖的人寻求帮助；与之相对的，羞怯的人即使遇到这样的情况也无法寻求帮助，而是全靠自己活到了现在。对于这样的自己，羞怯者应该有更多的自信。

---

① 《母子关系理论〈二〉分离不安》(John Bowlby, *Attachment and Loss*)，黑田实郎，冈田洋子，吉田恒子译，岩崎学术出版社 1991 年版，第 230 页。

4 每个人都有自己的问题

因分离焦虑而无法接近他人

羞怯的人很难与人亲近，[①] 即使和别人待在一起，也会感到不自在。

著名的羞怯研究者津巴多指出，羞怯的人很难接近别人的原因是"胆怯、警戒心、不信任感"。除此之外，还有"自我评价低"和"企图让他人看到更好的自己，而非真实的自己"。另外，最重要的是在成长过程中，他们没有掌握与他人相处时的主导权。

例如，羞怯的人小时候生病时，母亲没有在身边照

---

① 《羞怯〈一〉腼腆的人》，第 181 页。

顾他；想让母亲照顾自己，拉了拉母亲的袖子，母亲却无视自己的存在，去了别的地方；希望母亲可以陪伴自己时，母亲却不在；想要和母亲交谈时，却没有从母亲那里得到期望的回应。而这样的剧情日复一日地在上演。

在人格发展研究领域取得卓越成就、享誉世界的母子关系研究者鲍尔比博士，用他的话来说，就是无法相信"依恋对象的有效性"①。

羞怯的人从小就被分离焦虑困扰。"分离"这个词通常意味着，主导权掌握在母亲或其他人手中。分离焦虑是对依恋对象的"接近性和应答性"的焦虑。所谓"接近性与应答性"②是指孩子可以随时亲近母亲，当他们这样做时，母亲也给予回应。而害羞的人从小在接近喜欢的人的时候，主导权就被别人掌握了。他们无法按照自己的意志去接近喜欢的人。只有对方愿意，才能亲近一会儿。这种状态就称作"分离焦虑"。

这种分离焦虑，便存在于羞怯的人身上。母亲也好，保姆也好，对孩子来说，接近依恋对象是最重要的事情。

---

① 《母子关系理论〈二〉分离不安》，第 35 页。
② 同上，第 242 页。

他们要在这件事上掌握主导权。当自己需要的时候，就能够去接近喜欢的人，这样才能学会如何掌握主导权，满足自己的欲望。而遗憾的是，羞怯的人从来没能体会过这件事。

不想与别人有所关联

羞怯的人不愿意与别人有所关联，也没有兴趣与别人交谈。与人交谈是需要能量的。他们只会努力去做"交谈"这件事，无法放松地去与人交谈。

他们总是担心自己和别人在一起时会失礼，无法享受交谈，总是紧张地在听对方说了什么。所以，和别人在一起会消耗很多精力，时间长了，就觉得精疲力竭。

参加聚会时，他们觉得如果自己表现得不开心，就是对别人的失礼，所以即使不觉得享受，也会勉强自己表现出开心的样子。被人搭话时，也会挤出笑容回答对方。一旦感到谈话即将陷入沉默，不安和紧张就会袭上心头。所以即使无话可说，也硬要制造话题。所以，与人交谈对他们来说是件十分耗能的事。聚会结束时，他们才终于可以松口气，肩膀不知不觉间都已经僵硬了。

一般来说，人们是乐于交谈的，也不需要消耗额外的能量，相反，交谈会让人变得更有活力。

我们常常用"沉默寡言"来形容羞怯的人。而事实上，这个词反映出了羞怯者对他人的厌恶。[①] **但羞怯者并不是生来就寡言少语，是他们的成长环境让他们变成了这样。从小，他们身边的人就是讨厌与人接触的人。在这种人际环境中，他们没有机会学会如何交流，也就不知道该怎样与人交谈。**

这是儿时没能与人进行过良好互动而造成的悲剧，这是儿时没有机会一边吃饭一边与家人开心地交谈而造成的悲剧。虽然身边有其他人在，但觉得没有意思，就不想说话；感觉开心时，他们才会说话。也就是说，羞怯的人不想说话，说明他们处于一个感觉不到快乐的环境里。他们不想被别人看出自己的状态，于是变得紧张，进而无法侃侃而谈。

---

① 《羞怯〈一〉腼腆的人》，第 38 页。

综上所述，可以得出羞怯的人"不喜欢他人"这一结论。也就不难理解，为什么羞怯的人在讲别人坏话时，会变得话多了，那是他们难得放松的时刻。

回避痛苦的体验

羞怯的人难以亲近他人，也难以表达自己的想法，或是展现自己。

对于这些特性带来的结果，津巴多是这样描述的："认识新的人，结交新的朋友，去做这些很可能会带来良好体验的事情，对他们来说很难。"[①]

羞怯的人的胆怯、警戒心、不信任感，导致他们对于各种新的人际关系的体验会变得消极，变得畏缩不前。他们不认为认识新的人、结交新的朋友是件好事——他们本来就讨厌认识新的人。相比要去认识新的人，还不如一个人待着。

当然，无论对谁来说，新的人际关系带来的并不总

---

① 《羞怯〈一〉腼腆的人》，第 12 页。

是良好的体验，有时也会是令人讨厌的体验，而有时会是令人开心的体验。但不去尝试的话，便永远不会知道结果。而羞怯的人从未想要去尝试这种可能性。

羞怯的人虽然有机会去经历有趣开心的体验，却不会好好利用。比如，一个偶然的机会，喜欢的人坐在了自己旁边，却无法搭话。他们本来就是压抑自己的人，无论长得漂亮还是英俊，都不会利用这个机会。

是否能抓住机会，是件因人而异的事情。

羞怯的人因为害羞，无法歌唱，就不去唱歌；不擅长游泳，就不去游泳。其实，游得不好却仍在游泳的大有人在。而羞怯的人，因为太在意周遭的目光，而无法去做自己想做的事情。渐渐地，他们就会忘记自己原本想要的是什么。他们认为做得不好，就会被大家嘲笑；做得不好，就会很丢脸。就这样，他们放弃了游泳的快乐、歌唱的快乐。

羞怯的人往往比一般人付出了更多的努力，却总是得不到认可。岂止是不被认可，在他们失败的时候，还会受到父母的责骂。也正因为如此，他们害怕失败带来的痛苦，从而对任何事情都抱着消极的心态。

着怯的人往往比一般人付出了更多的努力，却总是得不到认可。岂止是不被认可，在他们失败的时候，还会受到父母的责骂。也正因为如此，他们害怕失败带来的痛苦，从而对任何事情都抱着消极的心态。

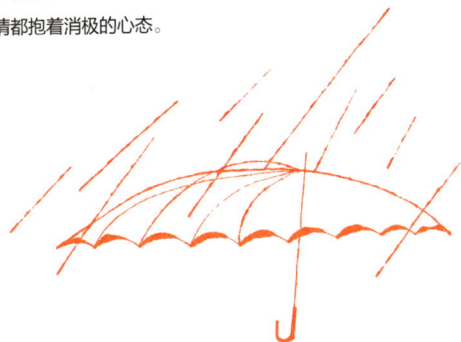

　　小时候，他们就总是担心万一做不好怎么办。无论做什么，都像是对自己能力的考验。那样做的话，自己会不会被讨厌呢？

　　他们自己都觉得自己好麻烦，担心对方也会觉得自己难以相处，会认为对方并不喜欢和自己待在一起，又怕对方察觉自己不开心，于是感到抱歉而退缩。他们越是这样想，就会在对方面前表现得越卑微，就会迎合对方，并因为担心自己是否给对方添了麻烦而战战兢兢。

津巴多认为，这种羞怯的特性会使他们难以经历潜在的良好体验。

那么，"潜在的良好体验"指的是什么呢？

尽管津巴多并没有在文中具体说明，但他指的应该是跟他人一起开心地吃饭，通过交谈进行心灵的交流等体验。如果是大学生的话，应该还包括与研究会的同学一起愉快地进行研究，加入社团和朋友一起集训。无论是商务人士，还是家庭主妇，都是如此。一起工作，一起旅行，一起聊天。去爱、去享受、去开怀大笑，是可以感受到自己内在力量的体验。

为什么羞怯的人很难有这样的体验呢？

那是因为在他们的心底有恨意存在。同时，在迄今为止的人生中，每当他们试图去体验这些时，总是以失败告终，所以他们也不愿意再去体验那种苦涩的心情。

所谓"体验困难"，是指即使与朋友在一起也开心不起来，同时想要逃避的一种状态。于是，他们就这样避开了体验的机会。明明是可以尝试的，但羞怯的人总会主动回避这些体验的机会。

羞怯的人从未体验过自己的心灵受到鼓舞;"真开心哪",他们却没有这样的回忆。

渴望被认可

津巴多说过,羞怯的人容易得抑郁症。

抑郁症患者从小就和很讨厌的人生活在一起。正是因为这些讨厌的人,他们才会得抑郁症。

抑郁症患者的人际关系很奇怪。在家里,他们是丑小鸭一样的存在。除了他们,家里的其他人不需要特意交谈、交心,也还过得去,因为这些人本来就是同一类人。而实际上,抑郁症患者是希望与家人交流的。其他人却认为,他们讨厌自己的家人。

羞怯的人总会有一些不必要的担心。这就是我在后面会提到的"预期焦虑"或"期待焦虑"。比如担心自己会脸红。羞怯的人希望把自己最好的一面展现给他人。而脸红的时候,往往是真实的自己被暴露的时候。很想做某件事却没能成功,因为挫败感而面红耳赤。他们很想隐藏这种挫败感,总是担心自己被人看穿,并认为一旦别人看到了真实的自己，便会讨厌自己。

他们也希望自己可以被了解，但又无法真正对人敞开心扉。这都是他们的成长环境导致的结果。"真讨厌，要是这个孩子没有出生就好了。"他们是听着这种话长大的。他们是在无人关心的冷漠中长大的。如此一来，担心自己"一旦被了解就会被讨厌"似乎也是理所当然了。

羞怯的人希望被认可，却得不到认可，所以就更不愿意展现自己。他们的内心常处于这样的矛盾纠结之中。

因为想被认可，反而要压抑自己展现真实自我的欲望。可能招致失败的事，还是避开比较好。这样一来，羞怯者的世界就变得格外狭小。尽管这样做了，但还是得不到想要的认可。

为了避免患上抑郁症，羞怯的人首先要做的，是放弃对家人的执念。因为他们在心理上依赖家人，才会如此执着于家人。想要实现自立，就必须舍弃这种执着。

没有依恋对象的不安

"胆怯、警戒心、不信任感"的存在，意味着就算在日常生活中，羞怯者也有很大的压力。所以，羞怯的人无法真正发挥自己的能力。

当我们在放松的状态下，做自己想做的事情时，才能马力全开。如果抱着"胆怯、警戒心、不信任感"时，与他人交往就很难感到愉快。例如，与某个人一起去看电影，觉得很开心，于是还想再找他一起去看，人际关系就是在这样的过程中建立起来的。

羞怯者很难与人建立起稳定长久的关系。他们会避开有可能让自己受伤的情况。因为害怕受伤害，就不敢与人打交道，最终就会变成孤零零一个人。

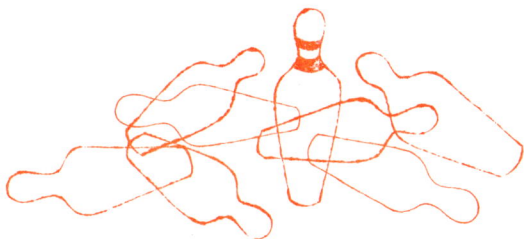

因为害怕受伤害，就会不敢与人打交道，最终就会变成孤零零一个人。

他们总是盯着自己的缺点。而与异性的邂逅，会引起他们更强烈的危机感。[①] 他们总是赶紧抽身而退，这就进一步降低了对自我的评价。他们想要靠近，又害怕靠近，就这样一直犹豫不决。

会被骗子盯上的，往往就是那些像羞怯的人一样只想着如何保护自己的人。这是有真实案例的。有个高三的女生坦白说"我怀孕了"，而对面的男大学生是个羞怯的人，满脑子只想着如何保全自己。他不知该如何是好。但事实上，这是女方和她的母亲设下的骗局。男生很容易就上当了，他会想着花些钱来解决这件事情。而女方根本没有怀孕。"真是个无趣的男人，拿到钱就甩掉他。"她是这样想的。

明明是没有发生的事情，却令羞怯的人感到十分为难。在他手足无措的时候，就容易被利用。这个男大学生没有可以信赖的朋友。如果有的话，或许处理方式会有所不同。

"如果有信任的伙伴，那么，对任何事情的恐惧都会

---

① 《羞怯〈一〉腼腆的人》，第 165 页。

减少。相反，如果一个人独处，那么，对任何事情的恐惧都会增加。"[1] **是否相信自己遇到困难时会得到信赖之人的帮助，不同的心态导致人们不安和恐惧的程度也大不相同。而羞怯的人从小身边就没有可以依恋和信赖的人。** 上文的那位男大学生就没有可以信赖的朋友，他的母亲也是个可怕的角色。如果把这件事告诉母亲，她只会大发雷霆，提供不了任何帮助。

从小，每当他们遇到一些状况，都只会被责骂，而没有任何人会帮他们解决。所以一旦遇到什么事，他们就会因为害怕而陷入自我执着。"总会有办法的"，他们可没有这样的安全感，总是感到害怕和不安。

鲍尔比认为，"对恐惧的敏感性"取决于身边是否有可依恋的对象。所谓"对恐惧的敏感性"，是指害怕的程度。如果人们认为遇到困难时会有人帮助自己，便会乐于挑战。而认为"人是可怕的，不想接近别人，不想认识别人"的羞怯者，他们从小就不相信可依恋对象的存在。而这便导致他们产生了对他人的不信任感。

---

[1] 《母子关系理论〈二〉分离不安》，第 222 页。

有困难也好，没困难也好，他们都是自力更生活下来的。甚至在快要活不下去的时候，也最终靠自己的力量活了下来。所以他们才胆怯，所以才警惕。考虑到他们的成长环境，具有"胆怯、警戒心、不信任感"这些特质几乎是理所当然的。而与人见面时，怀着"这个人会指责我"和"这个人会在我遇到困难的时候帮助我"这两种想法，所消耗的能量也是完全不同的。

害怕被人评价

这世上有一些人，很难从容地跟他人打招呼。"人很可怕，不想接近人"，一旦产生了这种极端的想法，打招呼也会变成苦差事。

事实上，无法坦然地接近他人的首要原因是，他们的自我评价很低，认为自己是一个令人讨厌的人。

为什么会形成这样的自我映象呢？因为他们的父母就不喜欢人，甚至连自己的孩子也不喜欢。而孩子因为感受到自己不被喜爱，就会试图去迎合父母，在这种迎合的过程中逐渐放弃了自我。没有强大的内心，就会更害怕人，难以与人亲近，也更倾向于迎合别人。这就形成了一个恶性循环。单方面不断地去迎合他人，反而会招致对方的厌恶。而当人们感到孤独时，往往就会这么做。

人的内心与行动有时会形成一个良性循环，有时则会形成恶性循环。正如奥地利的精神科医生伯朗·沃尔夫所说，幸福与不幸都是呈复利增长的。一旦人开始变得不幸，就好像走下坡路一样会越来越不幸。

有的人或许会觉得"人好可怕"这种想法太奇怪了，但其实并不奇怪。当身体受到伤害时，谁都会觉得惧怕他人是很正常的现象。其实心理上受到伤害也是一样的，会让人害怕靠近他人。

令羞怯的人感到"人很可怕"的原因有两点：第一，他们不知道如何与他人相处；第二，他们害怕被人评价。**害怕比自己更有力量的人评价自己，是因为他们一直以来收到的评价都是负面的。而负面评价常会成为他们被责骂的原因。**如果仅仅是被评价，不会被骂，真实的自己也可以被接受，可以维持一种愉快的人际关系的话，那也不错。可是被评价之后，随之而来的往往就是批判。所以羞怯的人害怕他人，认为社交是件令人疲惫的事情。

羞怯者儿时的任务，似乎就是取悦他们专制的父母。想让父母满意，就必须听话。他们总是以顺从的姿态迎合父母，结果就是常常委屈自己，也没有别人可以依靠。在这种长期压抑的生活中，很自然地，他们心里就会藏着一些不愿意被别人知道的事情。这使他们在社交时会感到紧张。

专制的父母，对孩子来说，是拥有压倒性力量的一种存在。而具有这样压倒性力量的人，他们其实也常常在苛责自己。可以说，这些专制的父母其实也并没有真正接受真实的自己。

了解了这些以后，你是不是觉得羞怯的人怀有"人好可怕"这样的想法，也没什么可奇怪的呢？

想得到"温暖的放任"

羞怯的人在生活中总是处于一种顺从的"被告"的立场。他们有一种基本的情感，那就是对对方来说，自己并不是理想的存在。他们会觉得，如果不付出什么，自己对对方来说就没有存在的意义。

人们只有明确感到自己是被对方喜爱的，与那个人在一起时才会感到安心。如果无法确定对方喜欢自己，在一起时就无法放松。

如果一个人认为"和我在一起会很开心吧"，那么与他人待在一起时就不会觉得不舒服。但是羞怯的人从来不会这么想。因为讨厌别人，就会想当然地认为别人也讨厌自己；因为和别人待在一起时感到拘束，就会认为对方也感到拘束。所以羞怯的人很难拉近和别人的距离。

因为感到拘束，羞怯的人并不希望别人主动来接近

羞怯的人觉得，人好讨厌啊。所以与人在一起时无法放松。自己讨厌别人，就会想当然地认为别人也讨厌自己。

自己。尽管如此，他们也会感到孤独。尽管想和他人保持距离，但又不希望别人对自己丧失兴趣。被无视当然是令人讨厌的，但他们也不想被排挤。尽管不希望和他人靠得太近，但还是希望别人把自己当成伙伴。

他们想要的，是"温暖的放任"。

从某本杂志上看到过一篇抑郁症患者的访谈，题目便是"温暖的放任"。这正是羞怯的人在人际关系中所渴望的。我们和父母在一起时，父母就像是空气一般自然地存在，而"温暖的放任"就类似这种感觉，只不过因为是父母，我们不会特意去想这样的形容。

一位具有母性本能的母亲会很自然地这样做：在很关心自己的孩子的同时，会让他自在地待着。这种"温暖的放任"是养育的基础。不过，在孩子小时候，母亲会这样对他们；等孩子上了中学，就很难做到了。对于小孩子，母亲只要愿意，就可以做到"温暖的放任"。作为这种"温暖的放任"的接受方，需要满足的条件恰恰是不具有力量。

那么，为什么抑郁症患者会觉得"温暖的放任"是最好的呢？这是基于他们对人际关系的不信任。即使到了成年以后，仍希望被这样对待，正是因为他们的内心深处总是在动摇。简而言之，就是"讨厌别人干涉自己；但没人管，又会觉得不安"。

一位老人曾写道："一个人生活寂寞，两个人生活麻烦。"而"温暖的放任"就是，即使是两个人生活，也很省心，又不麻烦。比如说，一个男人去见他女朋友以外的女性，而他的女朋友对此并不介意。如果男人与那个女人出现了纠纷，女朋友又愿意关心和帮助他解决问题。这样的话，男人既不用担心被抛弃，又能享受自由；既能被守护，又可以任性妄为。这就是他们想要的"温暖的放任"。

简单来说，"温暖的放任"就是"让我既省心又自在"，可以做一个不用承担任何责任的小孩。更直白地说，寻求"温暖的放任"的人，他们实际想要的是一个"母亲"。

这种"温暖的放任"如果放在亲子关系里，倒不能说自私。但如果在其他人际关系里，也想要被这样对待，那就是自私了。一个人待着会觉得不安，所以要两个人在一起。但变成了两个人之后，却仍希望一切能像自己一个人的时候一样，不做任何改变。希望别人在行为上放任自己，而心里又关怀着自己。羞怯的人就是这样，与别人在一起时，会觉得不舒服，希望别人能做出努力让自己舒坦些。

总的来说，抑郁症患者也好，有抑郁倾向的人也好，羞怯的人也好，他们孩童时期的需求都没有得到满足，也没有真正体会过母爱。即使是长大成人后，仍渴求那样的一种感情。

与人在一起时感到难受

虽然说"难以亲近他人"和"与他人在一起时感到难受"，两者听起来是差不多的概念，但到目前为止我们更多的是从羞怯者的心理出发，探讨他们为什么难以亲近他人。接下来，我们会把重点放在他们"与他人在一起时感到难受"这一点上。

羞怯的人与他人在一起时感到难受，几乎是必然的。因为感到不安，想通过躲避他人来自我保护的人，当然会觉得与他人相处难受。

感到难受的原因第一点在于，明明自己不喜欢对方，却希望对方喜欢自己。第二点在于，羞怯的人总是在他人面前隐藏真正的自己。他们认为自己并不是对方所期待的那种人，认为自己对对方来说没有什么价值，于是担心自己会被厌弃。前面也说了很多次，这是因为在成长过程中，他们总是被身边人讨厌。其实这些人倒也不是讨厌他们，只不过原本就是一帮不喜人的家伙。即使这些人勉强对他们表现出疼爱，也无法创造能让人放松的环境。

与他人在一起时感到难受的第三点原因，就是对自己的不自信。神经衰弱的人内心是有阴暗之处的。因为

因为要隐藏内心的阴暗之处，与人相处才会变得辛苦，才会变得不喜欢社交。

要隐藏这些，与人相处才会变得辛苦，他们才会变得不喜欢社交。

羞怯的人与异性相处时会感到很不自在。[①] 羞怯的男性与女性相处时感到不舒服，是因为他们缺乏作为男性的自信心。因为不知道说些什么好，所以对话总是停滞。就像与语言不通的外国人在一起时，我们也会感到不自在，那是因为无法进行良好的沟通。同样地，与异性在一起时感到窘迫，也是因为无法实现沟通。

80%的羞怯者提不起劲头儿去交谈。[②] 他们开不了口。当觉得自己达不到对方的期待时，待在一起也是一件令人难受的事。

举个日常生活中的小例子，比如一个电器修理工来到一户人家里修理 DVD 播放器，但是没能修好。那么这个修理工会作何感想呢？女主人原本是期待他能把 DVD 修好的，他却没能做到，就会感到很丢脸，于是再也不想来这户人家了，再也不想与这位太太碰面了。但是，由于职业使然，他不得不再来一趟。女主人说"这次一定

① 《羞怯〈一〉腼腆的人》，第 52~58 页。
② 同上，第 24 页。

要帮我修好哇”，而且还会一直在旁边看着。修理工就会感到紧张，手也不稳了。他与这位太太在一起时浑身不舒服。

又比如，金鱼被期待它可以教蝌蚪游泳。但是金鱼没做到。金鱼就会觉得，它作为一条鱼的价值降低了。没有脸面再见蝌蚪，觉得丢脸。金鱼与蝌蚪在一起时就会感到很不自在。

与他人在一起时会感到难受的第四点原因就是，羞怯者与他人在一起时，总是想要呈现出一个完美的自己。他们会有这样的错觉，认为对方期待一个完美的人。正因为这样，才会像前面第二点所说的那样，试图把真正的自己隐藏起来。出于虚荣心而去隐藏自己。虚荣的人会试图在对方脑海里植入一个与真实的他们完全不同的形象。但实际上，一般人并不会去期待对方是个完美的人。

事实上，这也从侧面反映出，羞怯者其实在期待别人是完美的或期待对方是一个理想的恋人。在这种思维的影响下，错误地认为对方也对自己抱有同样的期待，才会自顾自地把自己觉得不满意的部分隐藏起来。就像有的母亲一旦在养育子女方面出现了问题，就觉得自己会被千夫所指。

　　其实，谁都不是完美的，都有自己的问题。许多人会有错觉，觉得只有自己有问题，于是试图隐藏。但其实，其他人和自己也差不多。

许多人会有错觉，觉得只有自己有问题，于是试图隐藏。但其实，其他人和自己差不多。

第 2 章

羞怯者的深层心理

1 自我苛责

无法向对方表达自己的不满

当人们对对方的言辞或态度感到不满时，把自己的感受告诉对方，事情往往就可以得到解决。但是羞怯的人无法将自己的不满表现出来。因为对人际关系没有信心，他们认为一旦自己表现出不满，与对方的关系就会走向终结。

同时，他们也不知道如何表达自己的感受，这些不满的情绪只能独自消化。因为无法对他人表现出攻击性，只能放任过多的负面情绪转而攻击自己，就逐渐形成了固执的性格。

不满的情绪一直堆积在心底，便无法与他人融洽地

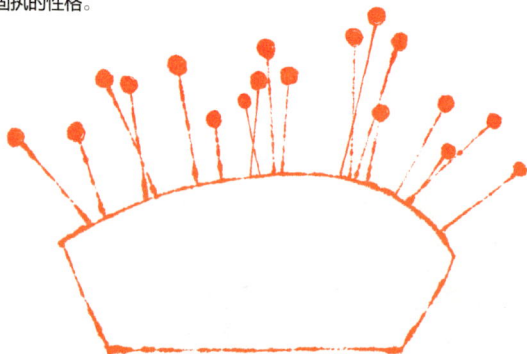

只能独自消化不满的情绪，因为无法对他人表现出攻击性，情绪就转而攻击自己，就会形成固执的性格。

相处。也就不难理解为什么羞怯的人总是把自己关在屋子里了。因为他们不知道该怎么做。

存在"不公正的批评家"的家庭

津巴多认为，羞怯的人是对自己最不公正的批评家。但其实，他们的父母有过之而无不及。从小到大，羞怯者在家里总是被责骂、被批评，因为他们的父母也是心底藏着伤痛的人，而责备孩子可以使他们自我感觉良好。

为了治愈自己的心灵，这些家长不断地指责自己的孩子。

像这样，羞怯者和这种"不公正的批评家们"生活在一起，从小就要忍受非难，没有人会温柔地对他们说"这样做就好啦"。我们常说，母性的保护是人生的起点，而羞怯的人并没有享受过这种关爱。

根据第一章介绍过的社会学教授吉尔马丁的调查，"羞怯的大学生"的母亲与"自信的大学生"的母亲之间存在许多明显的不同。

"羞怯的大学生"的母亲烦躁易怒，难以亲近，容易陷入忧郁的状态。针对"母亲是否总说自己不想活了"这一问题，30%的"羞怯的大学生"和38%的"羞怯的成年人"选择了"是"，与之相对，"自信的大学生"中仅有3%给出了肯定答案。

针对"是否常处于精神紧绷的状态，很容易发火"这一问题，"羞怯的大学生"的母亲中有47%符合描述，"羞怯的成年人"的母亲中则有53%，而在"自信的大学生"的母亲中，这一比例为20%。

母亲会乱发脾气的比例，在"自信的大学生"中为0。而在"羞怯的大学生"中这一比例达到45%。其中，有些人的母亲会连续几个小时不断地发火，还有一些人的母亲每天都会发脾气。在形容他们的母亲时，羞怯的人常用的描述有"与人相处时总是故意激怒别人""盛气凌人""难以取悦"等。

我们可以试着想象一下，这种家庭环境是多么糟糕。在这种家庭环境下成长的孩子，心理不可能不出现问题。

这样的母亲是在冲着自己的孩子释放负面情绪，是在向自己的孩子耍赖撒泼。正如鲍尔比说的那样，这实际上是"母子角色颠倒"。这种母亲的内心有许多没有得到满足的欲求。在她小时候，有很多没能张口说出的愿望，有很多没能表达的愤怒，她的内心积累了很多不满。于是，她就把这种怨气发泄到了自己的孩子身上，因为她对其他人不敢这样做。

正常情况下，应该是家长去实现孩子的愿望，面对撒娇的孩子，去满足他们的诉求。而在这种家庭环境里却完全颠倒了。所以，羞怯的父母会养出羞怯的孩子。
针对"父亲是否总在发怒"这一问题，有35%的"羞怯的大学生"和45%的"羞怯的成年人"选择了"是"，而在"自信的大学生"中，这一比例为14%。

羞怯者的父母就是这样的人。每天早上迎接羞怯者的，总是这样怒气冲冲的人。如果一个人长期与盛气凌人、难以取悦的人朝夕相处，那么这个人又会变成什么样呢？而且这些人不是朋友，是最为亲近的父母，况且孩子还处于经济上无法自立的年龄。在这样的人际环境下，孩子长大后会成为一个幽默的人吗？会成为开朗爱笑的人吗？会成为受人喜爱的人吗？会成为令人信赖的人吗？

针对"是否善于忍耐"这一问题，"羞怯的大学生"的母亲中只有 15% 符合描述，而在"自信的大学生"的母亲中，这一比例达到 54%。

如果母亲恰好处于更年期，那就更可怕了。针对"母亲是否长期受更年期折磨"这一问题，有 23% 的"羞怯的大学生"和 29% 的"羞怯的成年人"选择了"是"，而在"自信的大学生"中，这一比例为 0。

无论从哪组数据来看，"羞怯的大学生"和"自信的大学生"父母的差异都十分显著。显而易见，羞怯的人之所以成为羞怯的人，与他们的父母有很大的关系。

总是在看父母脸色的孩子

自己的一句话，就能让父亲或母亲勃然大怒，把屋子里的东西扔来扔去；吃饭的时候，自己的一句话，就能让父母直接掀翻桌子。想想他们从小是在这种环境下长大的，是不是就能理解羞怯者的心理了呢？是不是总会感到害怕？是不是经常看着父母的脸色行事？他们根本没有可以放松的时候哇。

听到这样的话，在良好的家庭环境下长大的人或许会说"应该把自己的不满告诉父母""要反抗父母"。甚至有人会问："为什么不说出来呢？"然而，我们必须认识到，自出生以来，他们所处的环境就一直是这样，所以他们不可能说得出口。

羞怯的人变得沉默寡言，变得自责，是再自然不过的事情。如果从小就不断经历着自己的一句话会招致多么可怕的后果，就很难与人愉快地进行对话。对于儿时的他们而言，父母是最不公正的批评家，所以在长大成人之后，他们就变成了对自己最不公正的批评家。换言之，如果从小父母没有那样苛责过他们，他们也不会在长大后如此苛责自己。

他们并不是生来如此的，只是被动地承受了这样一个角色。

在社会上，即使有人批评你，也只是一时的事情，因为那个人不会一直与你同在。比如在公司里被责备了，下了班就可以与责备你的人分道扬镳了。

但羞怯的人总是与自己同在的，所以批判的声音也会一直存在。例如，有的人会觉得自己个子太高了，还曾被说过"真难看"，但其实他并没有太高。为什么会有这种批判的声音呢？因为他的心底有其他的不满，或者说，对自己一直都不曾满意过。这些不满的情绪堆积已久，只是借由"个子太高了"这个缺口发泄出来而已。而对自己没什么意见的人，个子高一些，矮一些，也不会有什么特别的感觉。

自责，是无法表达自己的结果。如果能够表达意见，可以直接说"为什么我……"，也就不会陷入自责的旋涡了。想要完美地做成一件事，想要被众人认可，结果却无法做到，就会责怪自己，哀叹自己的无能。

心理上的"断奶"

自我惩罚，是消除无用感和屈辱感所致痛苦的最容

想要完美地做成一件事，结果却做不到，
就会责怪自己，哀叹自己的无能。

易辩解的方式。[①]

没有能量，就会难以与生活对抗了吧。

他们一边对人心怀厌恶，一边又觉得自己在给人添麻烦而感到难为情。

"自我惩罚，是可以避免被别人惩罚的方法。"这句话听起来像那么回事，但事实上，羞怯者小时候常常被

---

① 《寻找丢失的自己》(Rollo May，*Man's Search for Himself*)，小野泰博译，诚信书房 1970 年版，第 101 页。

他人惩罚。关于身体上受虐待的情况，"羞怯的大学生"和"自信的大学生"的对比数据如下：

关于被用狗链子虐待的情况，"自信的大学生"中无人经历过，而在"羞怯的大学生"中，有 19% 的人曾经历过；关于被用晾衣架虐待的情况，"自信的大学生"中有这种经历的比例依然为 0，而在"羞怯的大学生"中，有 12% 的人曾经历过。当然，体罚不一定会用到这些东西。关于最后一次被体罚的年龄的统计结果是，"自信的大学生"为 11 岁到 16 岁，而"羞怯的大学生"为 17 岁到 20 岁。

如果一直被身边的大人如此对待，那么表达自己的意见，或是表现自己，就成为不可能的事。让他们不要认为是自己的错，反倒勉强他们了。

就像在哈佛等大学担任客座教授的罗洛·梅（Rollo May）所说的那样，认为自己罪有应得的这种价值观，有其卑怯之处，但他们除了这样想，还能做些什么呢？

他们必须从父母身旁彻底脱离，进行心理上的"断奶"。

2　自我评价过低

比"真实的自己"过高的标准

为什么羞怯者的自我评价过低呢？因为他们给自己设定了过高的标准。

为什么要给自己设定过高的标准呢？是因为他们看不起别人。也正因如此，他们无法降低对自己的要求。

给自己设定过高的评价标准的原因有以下 3 点：

第一，羞怯的人从小就被父母等身边重要的人定下了过高的标准，这种标准在他们成长的过程中逐渐内化。虽然自己在心理上依赖父母，但父母从未接受过"真实的自己"。因此，羞怯者认为周围的人不会接受真实的自己。

第二，给自己设定过高的标准所带来的后果是自我评价过低。而自我评价过低又会促使人想要改善这种局面，转而设定更高的目标，这就形成了一个恶性循环。

第三，重要的一点是，羞怯的人没能在生活中得到自我实现。因为没有自我实现的经验，他们对于"真实的自己"并没有明确的认识与自信，便会盲目地追求高标准。

比起"真实的自己"，他们会把心中"理想化的自己"错当成现实中的自己。如果在生活中能得到自我实现，就能体会到真切的满足感，就不会给自己设定过高的标准。

不确定自己"被喜欢"

如前文所述，羞怯的人难以与他人亲近，难以自在地与他人相处。

打个比方来说，一个人住在山里，最近会有客人来拜访。如果自己喜欢对方，并且认为对方也喜欢自己的话，就不会做过度的招待。就像喜欢森林的人只要待在森林里，即使什么都不做也会感到快乐，那么，招待他一杯清水就足够了；也像邀请喜欢游艇的人到游艇上玩，就不需要再多花力气招待一样，都是同一个道理。反之，如果自己并不喜欢这片森林，就会认为它也无法让对方满意，于是会出于抱歉的心态，过度热情地招待来访的客人。

而羞怯的人就是这样，他们不确定对方是否喜欢自己，认为如果对方了解了自己，便会心生厌恶。"一定得让对方感到愉快。"会有这样的想法，实际上是因为自己不喜欢对方，于是觉得对方也不喜欢自己，就会用言语逢迎。因为他们小时候如果不会讨好父母，就会被拒之门外，所以逐渐学会了迎合父母。

只有相信对方是喜欢自己的，才会对彼此的关系有信心，不用费尽心机，也才可以与对方自然愉快地相处。也正是因为有这样的信念，才敢畅所欲言，说出心中的真实想法。"如果这样说的话，就会被讨厌。"一旦有了这种想法，就无法畅所欲言了。

恋爱也是一样。有了这样的信念，即使对方在自己面前称赞其他的异性，也不会觉得不安，不会忌妒，不

只有相信对方是喜欢自己的，才会对
彼此的关系有信心。有这样的信念，
才敢畅所欲言，说出心中的真实想法。

会闹别扭，不会愤恨。越是确信对方喜欢自己，就越不
会忌妒；越是不确定，就越会忌妒。此外，**如果相信对
自己来说重要的人是喜欢自己的，那么与其他人在一起
时也会更放松**。只要重要的人喜欢自己，就算其他人讨
厌自己也没有那么可怕了。

　　一般来说，能给予孩子这种安全感的人是父母，更
确切地说，是养育者。有了这种安全感，孩子才会勇于

走向外面的世界，才会想方设法融入这个世界。此外，有安全感的人也会把这种感觉传递给周围的人，进而吸引越来越多的人聚集在自己身边。

与之相反，有些人总是散发着不安定的感觉，因为他们心里矛盾重重。这种状态会被周围的人感知，认为无法安心地与其相处。如果不是出于利益关系，人们也不愿意靠近这样的人。

就像这样，羞怯者并不被对自己重要的人认可，也没有获得最初的那种安全感。

3 矛盾心理

活在冷漠的人际关系里

　　羞怯者温顺的外表下藏着敌意。他们为心中的矛盾所苦，既胆怯，又要伪装优越。他们想要比别人更优秀，却在与人相处时有自卑感。

　　他们对优劣敏感计较，因为在他们早期的人生里，优劣是唯一的评价标准，而善良、为他人着想这样的品质从不被看重。不仅如此，他们还时常听到"你怎么这么差劲"之类的评论。无论取得多么大的社会意义上的成功，偷奸耍滑之人都是不该被认可的，但是他们在成长过程中从未被灌输这样的观念，周围人也不会说"那种人真令人讨厌"。比起优秀但冷漠的人，他们更愿意与没那么优秀但温柔良善的人恋爱，但他们身边没有这样的人。

在这种人际环境里长大的羞怯者，会形成错误的人生观，会尊敬那些社会上的"成功人士"，即便这些人品性阴险，他们也会把卑鄙的人当作了不起的人来对待。面对这样的人时，他们会感到自卑，会对这样的人卑躬屈膝。他们尊敬不该尊敬的人，而非真正值得尊敬之人。

与其说，羞怯的人无法寻求帮助，不如说在他们遇到困难时，身边没有会伸出援手的人。羞怯者过往的人际关系是十分冷漠的，他们身边都是一些看似优秀却能毫不在乎地利用别人的人。再加上羞怯的人自我评价过低，所以常常会被这些所谓"优秀的人"耍得团团转。

飞蛾扑火

羞怯的人在努力地生活着，理应更有自信才对。

"在如此恶劣的人际关系里都能活到现在，我已经很厉害了。"他们要这样对自己说。

仔细回忆的话，应该会想起不少艰难的、差点撑不下去的经历吧。所以，理应鼓励自己"做得不错"。如果能看清这些，就可以放松一些，安心一些了。**羞怯的人之所以过得煎熬、辛苦，正是因为他们并没有真正看清别人和自己。对于真实的自己，他们有许多并不了解的地方。**如果注意观察，就会发现身边过得不如意的人比比皆是。

在羞怯者所尊敬的那些人中，有许多人压根儿不值得被尊敬，是羞怯者的自卑感作祟，才令他们产生了那样的错觉。也正因如此，他们会去尊敬那些社会中的"成功人士"，即便那个人是懦弱冷漠之人。

现在，如果正在读着这本书的你认为自己是一个羞怯的人，那么，你真的没有必要再战战兢兢地对待那些人，也没有必要去寻求那些人的认同。就算他们不认同你，你的人生又会受到多大的影响呢？努力寻求那些冷漠待你的人的认同，这种努力本身就是错的。

如果羞怯的你现在感到备受折磨，那么，请远离你一直以来想要从他那里获得认同的人。你本身并非心地不好的人，但如果身边聚集的都是盘算着利用别人的人，你自己也会受到影响。如果尊敬那些利用别人的人，不知不觉间，你也会离正直越来越远。

如果羞怯的你感到备受折磨，那么就请远离
你一直以来想要从他那里获得认同的人。

世间有这样一种说法："心怀叵测之人，最容易发现弱小的猎物。"实际上，另一种情况是，弱小者会主动靠近这样的人。

羞怯的人不是难以与人亲近吗，为什么还会发生这样的情况呢？

这是因为他们信不过自己。如果不得到这些人的认同，就会不安，因此会主动靠近。这种行为简直完美诠释了"飞蛾扑火"。羞怯的人确实难以与人亲近，他们害怕被拒绝而选择了独处；因为没有可以亲近的人，他们感到很寂寞，所以在内心深处希望有一个关系亲密的人。而狡猾的人往往表面上十分亲切，会吸引羞怯的人靠近他。

羞怯的人对自己缺乏信心，总是希望有个人可以依靠。因此，**想要摆脱飞蛾扑火一般的命运，需要做的是独处的训练。**

深藏心底的自负

羞怯的人一方面对自己失望，一方面又自负。他们的自我评价是不稳定的。

一位男士从一位具有上述特征的女士那里收到了一封信。"总有一天，我会给你打电话的。我害怕我的骄傲受到伤害。"其实，如果这位女士直接打电话过去，被拒绝了，说不定是件好事。起码，她可以知道自己在对方心中的位置，可以更了解自己的状态，也可以更清楚谁才是适合自己的人。

羞怯的人虽然在观念上知道人总是会受挫折的，但实际上他们无法接受挫折。这种拒绝体验挫折的状态其实是很悲哀的。因为在某个地方对自己感到骄傲，所以产生了"我本该能做得更好"的焦虑。"不这样做就不甘心"，既是任性，也是自负。

因为自负，他们对自己的所作所为并不满意，总是觉得不甘心，便会由着自己的性子来。因为自负，他们面对升职这样的机会时就无法淡然处置，要求自己必须得到，同时内心又有一种觉得自己理应做到的自负，于是就会变得异常焦虑。

羞怯的人正是通过对荣誉的追求来缓解内心的矛盾，而这也容易变成他们感到挫败的原因。另外，自负也是他们感到挫败的原因，他们一边对自己失望，一边又给自己找借口。

所谓自负，是一种与现实脱轨的自命不凡，就像活在纳西瑟斯自恋的世界之中。例如，一个自恋的男人会认为"我是个有魅力的男人"，但其他人未必也这么想。而这种自负与现实发生碰撞时，就容易产生自卑感。然而，受到伤害并不代表着自负就会完全消失。羞怯的人一边怀着自卑感，一边在心中某处又藏着自负，这正是

要求自己必须做到，同时内心又有一种
觉得自己理应能做到的自负，就会变得
异常焦虑。

让他们吃苦头的地方。

　　当"真实的自我"被完全接纳时，自卑感也好，自
负也好，就会全部消失。

比谁都渴望被爱

　　明明很穷，却装作有钱人。明明没有学历，却装作
有高学历的人。勇敢对喜欢的人坦白"其实我只是高中

毕业"，就会被优秀的人喜欢，因为能说出来就是爱了。

羞怯者的自我评价会上下剧烈波动。稍微被夸奖一下，就容易得意忘形；而一旦被贬低，就会陷入消沉。他们一方面不相信自己值得被爱，另一方面又比谁都渴望得到爱。他们觉得优秀的人不会把自己当回事，但在内心某处又觉得不喜欢自己的人都是愚蠢的人。他们觉得没有人爱自己的感觉是真的，同时也会觉得自己最好，谁都喜欢自己的感觉也是真的。

这既是"自己值得被爱"的自负，又是"想要被爱"的强烈愿望。无论是哪一种，都没有形成一个稳定一致的自我认知。这也反映了过度保护的父母在自我认知方面的失败。**父母在对他们的态度上缺乏一贯性。有时会纵容，有时会寄予过高的期待，有时会因为心情不好而变得严厉，有时又会原谅一切。**

羞怯的人没有可以与之敞开心扉的朋友。这个倾向与《彼得潘综合征》的作者丹·凯利（Dan Kiley）所提到的"彼得·潘人群"很像。他们强迫自己要表现得更好，反倒找不到自己真正擅长的工作，结果一生都没有什么自信。尽管如此，因为强烈而虚假的自尊心，他们

一方面不相信自己值得被爱，另一方面又
比谁都渴望得到爱。

无法接受现实的自己，比如因为"眼光太高"而无法结婚，实际上是因为自己没有什么自信，但心里某处又感到自负。

尽管羞怯的人被夸奖时会感到不好意思，但仍会很开心。突然在许多人面前被表扬的话，他们会紧张到手足无措，但还是想被夸奖。

瞄准弱者的恨意

羞怯的人遇强则弱，遇弱则强。

这是一位精神科医生说过的话。羞怯的人会对给自己打电话的人说"我有对人恐惧症"，却非要与这位医生见面。

为什么这样的人还说自己怕见人，有对人恐惧症？这位医生是这样解释的：有对人恐惧症的人一旦发现对方在认真听自己说话，就会变得很强势，抓住了就不放手。仿佛一旦瞄准了猎物，就会变得残酷。就像乌鸦看到鹰就会因担心被袭击而害怕，而看到麻雀就会想要袭击。

神经症患者、羞怯者、对人恐惧症患者在这方面是相同的。他们之间的区别，就像地下的水会从不同的出口流出一样，只不过是表现形式上的差异。他们心中有恨意，会残忍地施与弱者，以此来发泄内心的怨恨。

羞怯的人如果不改掉这个毛病，将会终生痛苦。

4 预期焦虑

"会不会变成那样"而导致的不安

正如前言中所写的那样，羞怯的人会自责，会为自我评价过低而痛苦，为矛盾的心理而烦恼，进而会变成不安的人。

羞怯者在与他人见面之前，就会觉得"真不想见面哪"。不见面的话，就不知道结果是会开心还是会讨厌。但在见面之前，他们就在想"和那个人很难成为朋友吧"，于是开始紧张和不安，觉得这件事很讨厌，做什么都不开心。而当真正见面的时候，他们也会因为紧张而感到不自在。

他们希望能给别人留下好印象，但又觉得与自己接触过的人不会这样想，因此会避开他人。然而，总是避开他人，心里就会感到孤独。

羞怯的人遇到事情时，会强烈地担心"自己会不会变成这样"。这就是奥地利著名临床心理学家维克多·弗兰克尔（Viktor Frankl）所说的"预期焦虑"或"期待焦虑"。例如，他们担心自己与他人初次见面时会脸红而感到不安，而在这种不安之下，又觉得自己一定会脸红。就像这样，因担心自己在某种情况下会有某种反应而感到不安，这种不安又使自己先入为主地认为一定会出状况。

他们在众人面前怯场，原本准备好的话都没能讲出来，觉得自己很丢脸。"下次当众讲话时，会发生同样的状况吗？"他们时常产生这种先入为主的念头。这种不安和恐惧，常使他们什么都没开始做，就感到疲惫。因为不安和恐惧会消耗人的精力。

即使努力了，他们也会有"恐怕又得不到称赞吧"这样悲观的预期，从而产生无力感。睡觉前，也会被"今晚会不会又睡不着"的预期焦虑折磨。担心会怯场，担心会失败，他们总是被预期焦虑困扰。如果失败了，就会强化这种心理暗示；即使成功了一次，也会想"下次就不行了吧"。

他们的成功经验不会增强自信。可以说，他们在心理上总是被过去束缚，没有"不久就会好起来"的心理期待。

先入为主阻碍了沟通

总之，羞怯的人会无视当下的情况。

羞怯的人在接收信息时，并没有先清空自己的想法，也没有认真听别人说的话。他们早就想好了要说什么，会先入为主地认为对方是这样看待自己的。因此无论对方说什么，他们都会按照自己预想的那样去理解，总是先入为主地认为对方把自己当傻瓜。

如果前一天的天气预报说第二天会很热，那么即使第二天天气凉爽，他们也会觉得很热，还会对人说"天气还真热呀"。他们就是这样的人，想说的话是早就定好的，身体也感受不到现实的外界温度。

就像这样，羞怯的人一边回避与他人接触，一边又

> 先入为主地认为对方把自己当傻瓜。因此无论对方说什么，都觉得是在耍自己。

会做多余的事——先入为主地判断对方对自己的态度。

"不会失败的。"他们这样想，却抓不住机会。因为害怕失败，总是先摆出一副姿态来。

他们警戒心很强，因此会无视当下（的变化），而是根据自己先前的推测行动，根据自己头脑中的构想做出反应。换句话说，羞怯的人很难单纯地听对方说话。他们绝大多数的意识都用于自我保护，而非倾听对方。与人交流时，在听到对方的话之前，他们就已经决定了要说什么。就像开一场已经私下有了定论的会议，**会议不过是形式，不会在会议上作什么新的决定。**

在见面之前，他们就决定说"今天天气真热呀"；见面时，听到对方说"今天还有点儿风啊"，他们也不会说"是啊"，而是说"今天天气真热呀"。这是无法构成对话的。

想要有效地沟通，就不能被先入为主的想法支配。与人交流，是基于当下情境的交流。而先入为主，是脱离了当下的情境的。这种做法实际上并没有把对方当作交流对象。他们一心想着保护自己，与对方根本不在一个轨道上。

羞怯的人在虚空之中，虚度年华。

第 3 章

4种社会恐惧的诅咒

1 从儿时就始终伴随的恐惧

无意义的不安与紧张

羞怯的人总是被不安和紧张困扰。

想到可能会被人拒绝，会不安；想到在公司可能会被贬职，会不安。他们通常在贬职发生之前，就开始因贬职可能带来的屈辱感而畏缩。如果在职场上受到冷落，他们就会觉得无法活下去，十分不安。即使被边缘化了，每天还得忍受那样的屈辱去上班，光是想象一下都觉得快要昏过去了。

谁都有"要是变成那样就麻烦了"这样的想法。但大多数情况下，即使事情真的朝那个方向发展了，也不会怎么样。

"这项工作要是搞砸了可就完蛋了。"仿佛自己的职业生涯也会到此终止一样，羞怯的人为了避免这一情况的发生，便全力以赴。有的人甚至无法接受失败；还有许多人想到一旦失败所带来的后果，就担心得整夜失眠。

　　"虽然这些话不得不说，但也会伤害到对方吧。""为了生活必须这么做，但以后大家就不愿意再和我来往了吧。"他们如此担心着。**羞怯的人终日被这样的不安和恐惧缠身，每一天都神经紧绷，无论做什么，无论时间多么充裕，也放松不下来。**

> "要是变成那样就麻烦了"，羞怯的人终日被这样的不安和恐惧缠身，每一天都是神经紧绷的。所以无论做什么都无法放松。

实际上，就算他们所害怕的事真的发生了，大多数情况下，事态也不会恶化到他们想象的那个地步。在小时候，或许事情会像自己预期的那样发展，但长大后的情况并没有那么恐怖。然而，羞怯的人始终无法从儿时的恐惧中走出来，因为他们从小就被周围的人厌弃。

失败了就会被讨厌吧

羞怯的人长大后，如果借东西时被人拒绝了，是绝对无法开口问"为什么"的。他们无法将"被拒绝"和"被讨厌"这两件事分离开来。

在研究羞怯者方面声名显赫的津巴多，认为羞怯的人遭受着4种社会恐惧。这些恐惧都是由于他们无法将"被拒绝"和"被讨厌"这两件事分离开而引起的。

例如，他们对失败很恐惧。尽管人们不会因为一个人的一两次失败就讨厌他或是看不起他，但羞怯的人和自卑的人会认为自己一定会被看不起或是被讨厌，所以他们会比一般人更畏惧失败。有些人被看不起、被当成傻瓜的话，心中就会生出怨恨，会企图欺负别人来使自己好受一些。

羞怯的人从小就被不安和紧张感折磨得身心疲惫，虚无地活着。**他们从未得到心中最重要的人的认可。**如果能从这些重要的人口中听到一句"好厉害，做得真棒"，就会更有自信。但并没有人这么做。比如，有人从未听到过来自父母的称赞。"我都这么努力了，应该会夸夸我吧。"他们这样想过，但并没有得到夸奖。相反，换来的却是怒气冲冲的质问："只能做到这个程度吗？"他们因此受到了伤害，但当时由于太害怕父母，没有注意到自己的变化。

之后，他们试着更加努力，但依然得不到称赞。明明自己已经做得很好了，想听父母说一声"做得好"，却听不到。"你这样不行，怎么能这么做呢？"最后总会被当成傻瓜。

羞怯的人在小时候都曾拼命地努力过，但没有得到父母等人的称赞，就灰心了。**他们从没有注意到，有其他人看到了他们的努力，也给出了不同的评价。**比如，有人为了得到父母的称赞，在马拉松比赛中奋力奔跑。但父母没有夸自己厉害，反倒拿自己跟跑得更快的人做比较。虽然当时有其他人看到后，觉得"他真是个努力的孩子呀"，但羞怯的人并没有注意到。当然，在围观的人群中，或许也有人会觉得"不用那么拼命吧"。无论是哪种，他们都不知道别人是怎么看待自己的努力的。他们只知道，一次又一次没能从重要的人那里获得认可的失落。逐渐变得自我映象极差，从心底觉得自己是个什么都做不好的人。

尽管羞怯的人也想被人夸奖，但一旦真的被夸奖了，又会浑身不自在。因为他们觉得自己很差劲，而这样的自己被称赞，就有违和感。于是被夸奖了，就不知如何是好。一边暗自开心，一边又感到不好意思，就会说"没有那样的事"或"像我这样的人……"之类的话遮掩过去。明明回答一句"谢谢"就好，却还是会说"我不行的"之类的话来贬低自己。

4 种社会恐惧

下面让我们来看看羞怯的人所遭受的 4 种社会恐惧。

如前文所述，羞怯者的心理特征就是总感到害怕。这种害怕会导致胆怯、警戒心和不信任感。"人很可怕"

和"失败很可怕"这两种想法之间是有关联的。一旦输了，羞怯的人就会耿耿于怀。这是因为他们无法表达失败的懊恼。

津巴多所说的 4 种社会恐惧指的是"对失败的恐惧""对被低估的恐惧""对被拒绝的恐惧""对亲密的人际关系的恐惧"。除了最后一个"对亲密的人际关系的恐惧"，其他几种恐惧是大多数人普遍都会有的。

或许有人会感到疑惑，为什么说这些是羞怯者的特征？事实上，羞怯者所怀有的"对失败的恐惧"与一般人"对失败的恐惧"是不一样的。这是因为羞怯者对失败的恐惧，是在不信任感的土壤中孕育的。只有当周围的人认可自己时，才能信任别人。所以一旦失败，就意味着别人对自己持批判的态度，对他们来说，这相当于陷入无人可以信任的人际关系。"胆怯、警戒心、不信任感"的土壤，会使他们更加恐惧。

另外，得不到他人的帮助，也会令羞怯者更加不安和恐惧。正如前面说明的那样，羞怯者从小身边就没有可以信赖的人，连母亲也给不了他们所需的母性的保护。他们从小就是一个人，没有人主动关心、帮助他们。正因如此，对羞怯的人来说，可能失败、可能被拒绝所带来的不安，要远远超过心理健康的人。一些对心理健康的人来说不需要害怕的事，他们也会觉得恐惧。

"没有什么比十分渴望的时候没有可依恋对象更可怕了。"[1]

---

[1] 《母子关系理论〈二〉分离不安》，第 222 页。

2 对失败的恐惧

受伤的自尊心

也许你会认为，每个人都害怕失败。但不同的是，羞怯的人对失败的恐惧，在于他们认为一旦自己失败了便无法翻身。这是为什么呢？

因为他们从小就被父母警告："要是事情变成那样，你就完蛋了。"尽管实际结果不会有多么严重，但父母仍会这样威胁。把孩子变成了羞怯者的这些父母，他们总是用一点小事吓唬孩子。可以说，这些父母就是在欺负孩子。

羞怯，是从家庭开始的。[①] 容易害羞的父亲，他们的

----

① 《羞怯〈一〉腼腆的人》，第 100 页。

孩子有四分之三也是腼腆的人。[①] 欺凌也是从家庭开始的。"感觉到可能会被杀掉的恐惧。"这句话隐含深意（参照第 4 章）。既有真的感觉到可能会被杀掉的恐惧，也有因为被这样威胁，而感到的害怕。

如果说弗洛伊德把人性的一半掩埋起来了的话，我们这里不得不把它光明的一半先掩埋起来。

研究人类自我实现理论的马斯洛博士认为："明显性情不稳定的人，是无法优雅地接受失败的。"[②] 不过，性情不稳定的人也有可以接受失败的情况，前提是他们认为"反正我本来就不行"，这实际上是一种自暴自弃的思考方式。根据最新的研究，"失败才是安全的"这种思考模式对人格发展是很不利的。

原本根据马斯洛的理论，当一般人丧失自尊心、威严的时候，应该是很难接受的。[③] 而对羞怯的人来说，失败会直接伤害他们的自尊，会直接威胁到他们的人格。

① 《羞怯〈一〉腼腆的人》，第 107 页。
② Abraham H. Maslow, *Motivation& Personality*, Harper&Brothers, 1954, p.140.
③ 同上，第 140 页。

选择伴随着风险

心理健康的孩子是可以做选择的，而羞怯的孩子无法做选择。选择伴随着风险，不会每次都选对，所以才需要决断。虽然有可能会选错，但人也正是在选择中获得心灵的成长。

比如小朋友们去参加夏天的露营，他们要考虑是坐游艇，还是独木舟。就算没选好，选择本身的成就感也会帮助他们成长。因为是自己做出的选择，所以即使失败，也得接受。通过选择，人们可以更加了解自己。

日常生活中微小的选择也是一样。只要是自己做出的选择，就可以接受。例如，在路上开车时，发现油箱里没有汽油了。如果去平时经常光顾的那家加油站，花8000日元就够了，而在眼前的这家加油站要花1万日元。但汽油不够总是令人不安心，所以即使要花1万日元，选择眼前的这家也说得过去。但羞怯的人选了眼前这家后，会因为觉得自己受了损失而懊恼不已。

在不得不做选择时，羞怯的人总是优柔寡断。因为他们从小就很少有机会自己做选择。如果自己可以选择的话，即使有些损失，也是能接受的。**我们在做选择时，心中是有一个标准的，这会使我们更了解自己。**而羞怯的人并没有机会形成这样的性格。

选择就像竹节一样，是层层递进的。每做一次选择，每进行一次尝试，孩子就能一步一步地成长起来。遇到人生的峡谷，他们也会尝试跨越。即使失败了，为孩子的勇于尝试而鼓掌的家长，也会帮助他们的内心进一步成长；而心理不健康的家长，只会把社会意义上的成功当作成长，这种做法并不利于孩子内心的成长。当孩子

人正是在选择中得到心灵的成长。我们在做选择时，心中是有一个标准的，这会使我们更了解自己。

飞跃峡谷失败时，他们只会求全责备。这样一来，孩子就会认为失败是可耻的，逐渐长成害怕失败的大人。

不为孩子想要尝试的心情而感到喜悦，反倒用社会意义上的成功来束缚他们，这样的父母把孩子的世界越变越小。实际上，他们是希望通过孩子在社会上的成功，安抚自己心里的伤痛。

"挑战"的时机很重要

在长大成人后，羞怯者才突然被告知："挑战精神很重要哇！"这未免太强人所难了。因为他们以前从未挑战过什么，没有这样的经验。但羞怯者听到这样的话以后，就会强迫自己去挑战，还会觉得不具备挑战精神的自己一无是处。

当周围的人怂恿羞怯者或有抑郁倾向的人做某件事的时候，并没有意识到是在勉强他们。而他们自己也会认为不得不做，必须去做，因此又会紧张不安。有些人会自然地想到"那就试试看吧"，是因为他们从小就经历过各种挑战，已经习以为常。

无论是什么事，都无法一蹴而就。总是烦恼的人，期待自己可以突然改变，正如小时候身边人对他的期待一样。无论是解决烦恼、学习新技能，还是构建良好的人际关系，为此苦恼的人，多半是期待会有奇迹突然发生。然而，没有人会突然变得优秀。

　　总是试图做那些做不到的事，再怎么努力也不会有结果。就像羞怯的人和有抑郁倾向的人，他们做了大量的无用功，没有得到什么成果可以增加自信。

　　重视生命周期、青年时期致力于研究确立自我认同的心理学家爱利克·埃里克森（Erik H. Erikson）认为，想要寻求个人身份认同，在青春期直面自我丧失的恐惧是很重要的。[①] 正如他所说，青少年时期必须鼓起勇气面对自我认同受到威胁的情况。如果一味地避免冒险，就会产生深深的孤立感，其结果就是放弃自己的可能性，还会产生绝望感。[②]

　　马斯洛也将"成长"和"安全"进行了对比。孩子

---

①　Kathleen Stassen Berger, *The Developing Person Through the life Span*, Worth Publishers, Inc., 1988, p.436.
②　同上，第 436 页。

如果选择安全，心理上就无法成长。如果用竹子来比喻人的成长过程，那么，**对于丧失自我的每一次恐惧都是一个节点，正如竹节之于竹子，因为有了这些恐惧的节点，人才会不断地成长。害怕的时候就要挑战。**如果失败了，就再试 3 次。

只有从小在爬树、捞鱼、跳绳、踩高跷等游戏中反复体验失败和成功，人们才能在长大成人后勇于挑战有可能失败的事情。而且，无论成功还是失败，父母都会鼓励他们要有敢于尝试的勇气，这样，他们长大后才会变成乐于挑战的人。

但是，在缺乏儿时经验的情况下，却突然要求处于青春期的他们"直面自我价值感丧失的恐惧""虽然有失败的可能性，也还要挑战"，是很勉强的，他们就会不自觉地保护自己。羞怯的人对于有可能落榜的考试，就会想"还是放弃吧"；对于不太有把握的话题，在众人面前就保持沉默；对于自己可能被冷落的聚会，就干脆不出席。

正如鲍尔比所说："成年人的人格被认为是在未成熟时期与重要人物的相互作用，特别是与他们的依恋对象的相互作用中形成的。"[①] "根据在 20 世纪广为接受的人格形成模型，认为人格是经过一定的阶段才达到成熟的。"[②] 之所以会成为畏惧失败、只想着保护自己的大人，是因为他们从小就这样被养育。如果从孩子幼年期开始，父母只期待他们获得社会意义上的成功，又希望孩子长大后成为无所畏惧、勇于挑战的人，这是不切实际的。但是，心理上存在问题的父母偏偏会这样期待。这就好比，在职场中恪守本分、兢兢业业的人到了退休年龄时，突然要求他成为"有趣味的人"，是不切实际的。

奥地利的精神科医生伯朗·沃尔夫也说过："烦恼并不是昨天才产生的。"人们今天的烦恼源于今天之前的每一天生活中的积累。就好像如果每天喝酒，过几年肝脏就会没损伤，并非某天为了庆祝偶然喝了酒，肝脏才突然受损伤的，也正是从小每一天生活的积累，把他们变成了"只想着不能丢脸"的大人。

---

① 《母子关系理论〈二〉分离不安》，第 230 页。
② 同上，第 398 页。

失败变成了恐惧

羞怯的人长大以后还那么畏惧失败，多半是小时候失败时被嘲笑、被轻蔑而导致的。"你真是个笨蛋哪！"听到这种话，于是受到了伤害。拜托别人帮忙的时候，对方从鼻子里哼了一声，冷漠地拒绝了他。这些经历使他们心怀恐惧。

普通人如果被说"你真是个笨蛋"这种话，很可能会与对方打起来；而羞怯的人丧失了与人争论的能力，因为成长环境并不允许他们这么做。他们大多数人在小时候，比起被挑衅，受到更多的或许是冷漠和轻蔑。随着这种体验逐渐累积，他们就会越来越畏惧失败，以至于长大以后遇到类似的状况，连正常的争吵都做不到。

前文提到过一个实验：给马听某种声音时给地面通电，马就会扬起蹄子，之后，即使不通电，只给马听那种声音，马也会扬起蹄子。对于羞怯的人来说，失败就是这个声音，会激起他们对电流的恐惧。当遭遇失败时，周围的人即使没有冷嘲热讽，他们还是会像实验里扬起蹄子的马一样，感到惊恐不安。

他们无论做什么，都会因担心失败而感到恐惧。往日那些悲惨的遭遇会自动再现于眼前，就好像与失败相关的情感数据已经提前被植入了大脑。

过分关注弱点

羞怯的人周围总有些坏心眼且心怀不满的人。这些人是被羞怯的人吸引而来的。对于这些不怀好意的人来说，羞怯的人是好欺负的对象，就算被指责了也不会还嘴。欺负他们，可以使这些人病态的自尊心得到满足。而羞怯的人只能默默承受这些。

那些心怀不满的人，总是开口指责的一方；而羞怯的人作为被指责的一方，他们会把这些指责与自己的弱点联系起来加以解释，然后接受这些不正当的指责。羞怯的人会过度关注自己的弱点，总是想着自己做得不好的地方。例如，心怀不满的人说了句"这个茶杯好脏啊"，羞怯的人就会在内心将其解释为"因为我很穷"，进而觉得对方不喜欢自己。

长大后，由于环境改变了，即使失败了也不会被轻视，他们却依然觉得自己不受尊重，因为他们并没有正视当下的环境。换句话说，他们没能真正与当下身边的人进行接触和交流，没有敞开心扉，对自己面前的人视而不见。

因为他们没有看清楚对方是怎样的人，就会和小时候一样，认为失败令人恐惧。他们先入为主地认为对方会蔑视自己。因为看不清对方，也会更加在意对方是怎么看待自己的。

在羞怯的人眼中，面前的交流对象与鱼或蛇没有什么区别。他们不知道怎么做会有怎样的结果，也并不关心对方是怎样的人，只是单纯地害怕。即使是蛇，也分会伤人的蛇和不会伤人的蛇。对蛇感兴趣的人会知道这些。而羞怯的人因为不了解对方，所以害怕对方会伤害自己，就像害怕蝮蛇一样。据说，樵夫会与树木交流，厨子会对牛蒡感兴趣。而羞怯的人和谁都不说话。

忧郁亲和型性格的人内心是这样的："心脏一点点涨大，即使没有犯罪，只是失败了，也会苛责自己。内心越来越敏感，即使他们没犯什么错，一旦遭到非难，就会失去自信，觉得自己应该承受这些。"①

————————

① 《忧郁症》，第 171~172 页。

忧郁亲和型性格的人很容易内疚，一点小过错就会令他们感到束手无策。甚至会有把别人的过错都扣到自己头上的夸张妄想，觉得别人的懒惰也是自己的责任。[①]有些人天生就是这种性格，但也有人是被父母逼得走投无路的。与之相反，世界上还有一些人会把自己的过错推给别人，对自己的懒惰视而不见，却责怪别人的懒惰。如果不注意这一点，羞怯的人会遇到意想不到的问题。

希望通过社会意义上的成功获得安定感的人比已经获得安定感的人更害怕失败，压力也更大。认为失败会降低自己价值的人比相信自己价值的人更害怕失败。在意别人对自己的看法的人比不在意他人看法的人更害怕失败。希望能给别人留下深刻印象的人与没有这种期待的人相比，更害怕失败。

"失败"与"成功"不能轻易界定

有的人对名声和权力有十分执着的追求，这样的人

---

① 《忧郁症》，第 173 页。

会在可以获得名誉的机会面前一举成名。会紧张得彻夜难眠的人，就是他们。与对名声的渴望伴随的，是对失败的恐惧。就像美国心理学家卡伦·霍妮（Karen Horney）所说的那样，追求名声的迫切也能从不满的反应中体现出来。

这是什么意思呢？

就是说，当他们无法如愿以偿时，就会有异常的反应；对事情进展不顺利的情况，他们几乎没有忍耐力；一旦事情无法顺利推进，他们就会立刻丧失冷静；稍有失误，就会马上乱了阵脚；一旦遇到不如意的事，心情就会立刻变差，感到烦躁，会冲人发脾气。

这种异常渴望顺利的表现，其实是对自己不满，在生自己的气，但他们没有意识到这一点，还以为是别人的言行让自己烦躁。

这样的人与幽默的人不同。有幽默感的人，即使是在逆境中，也不忘保持微笑。

因为没能与现实接轨，没有与他人真正接触，所以夸大了自己的失败。同时，他们又渴望获得社会意义上的巨大成功。如果不能一直给别人留下好印象，就会被人看不起，怀着这种心态的人并非特别希望被哪些人喜欢，而是希望人人都喜欢自己。

想要人人都喜欢自己，一定会筋疲力尽的。所以羞怯的人要先想清楚自己希望得到谁的喜爱，决定了，就针对这个人努力。如果不分对象地观察所有人的脸色，就会耗尽自己的精力。

还有一点，就是不要盲目追求超出自己实力的地位，因为一旦这样做了，就必须依赖别人的力量。这样一来，就要看那个人的脸色。因为要依靠那个人，所以不得不这么做。长此以往，人生的目标就会逐渐变成在别人面前好好表现了。因此他们比别人更害怕失败，害怕失败了就会被人指责。

其实人人都有失败的时候，这些失败并不算真正的失败。即使在短期内来看是失败的，但从整个漫长的人生来看，多半都会成为成功的一部分。

与之相反，那些事出反常的成功，即便看起来风光无限，从长期来看也未必是件好事。之前，霞之关有一位精英官员自杀了。他从小到大几乎一切顺遂，而这成了他最终失败的主要原因。如果能早一些在某件事上经

从某个视角来看是失败，但换个视角再看就不是失败了。重要的是要选择适合自己的生活方式。

历失败，他也许就会反省"这条路到底适不适合我"吧。

我们常常轻易地说着失败啊，成功啊，但到底何为失败，何为成功？从某个角度来看是失败，但换个角度再看就不是失败了。充满干劲儿的人常说"哪有什么失败"，这话虽有点儿古怪，倒也没错。重要的是选择适合自己的生活方式，至于成功或是失败，说没有也没有，说有也有。

以下是内布拉斯加州的一个修道院的修道士在晚年写下的话：

如果一切可以重新开始，这次就不要害怕失败吧。

放松一下，让头脑变得柔软，比现在更笨拙地生活。

这是我翻译过的咨询师麦金尼斯的书中出现的一小段诗。[①] 我觉得这首诗写得很棒，因此在这里引用了。如果可以改写，我会把最后一句"比现在更笨拙地生活"改成"比现在更坦率地生活"，也就是"喜欢就说喜欢，讨厌就说讨厌"的一种生活方式，也是尝试去做更多更喜欢的事情的一种生活方式。

想要从"安全型"向"成长型"转换

羞怯的人要再坦率一点，想一想最希望得到谁的喜爱。要选择出做自己朋友的人，要将朋友的待遇和别人的拉开差距，不能同等对待。不要无论是谁来了，都拿出同一款红酒。如果是好朋友来的话，要拿出特别准备的更好喝的红酒。

---

① Alan Loy McGinnis，*Confidence*，Augsburg Publishing House，1978，p.57.

我曾在东京都接受委托，调查羞怯者的特征。详细的调查结果因篇幅所限，不便在这里展开，就只列出简要的调查结果：与人交谈时，会担心对话忽然中断；对方发脾气时，会不自觉地认为是自己做错了事；与其尴尬地相处，宁可一个人待着；受人非难时，有时感到忧郁，有时感到愤怒；害怕伤害别人的感受，因此不敢说出自己的意见。这些都是典型羞怯者的特征。我称之为"附和自责型"。

作为对照，我们还调查了一些风险爱好者。在需要别人帮助时，能否坦然地拜托别人？与人初次见面时，能否主动开启对话？在参加社团活动和学习之间，能否快速地做出选择？能否不怕失败，挑战没有人做过的事情？对这些问题给出肯定答复的人，我们就将他归类为风险爱好者。

可以看出，羞怯者与风险爱好者呈现出很强的负相关关系，而与神经症患者呈现很强的正相关关系。"做决定"这样一种"冒险行为"与附和自责型人呈负相关关系。也就是说，附和自责型人格的人难以做决断。而无法做选择，也就无法清楚地了解自己。

这里所提到的神经症患者，是指树立过高的目标，想要通过取得这种巨大成功来报复某人，在帮助别人的时候会期待别人发自内心地感谢自己的一类人。

在已成年的人群中，会出现"不安的安全型"和"自信的成长型"两种人格。**一味地追求安全，反而容易感到不安；适当地冒一些风险，会更有利于自信。**

羞怯的人在面对马斯洛所说的安全和成长两个选项时，很难去选择成长。最理想的，当然是在安全的需求已得到充分满足的前提下选择成长，这也是最利于成长的。然而，父母皆凡人，几乎没有哪对父母能够完全满足子女在孩提时期对于安全的所有需求。所以，我们应该用自己的意志压制安全需求，或者在自己的内心设法处理安全需求，将更多的能量用于成长。如果安全需求得到一定程度的满足，就必须有意识地努力从安全型人格转变为成长型人格。

所谓人的尊严，就是通过这样的努力而形成的。

3 对被低估的恐惧

只是敷衍了事

或许每个人都害怕得到别人的负面评价，但我们要考虑到，羞怯者的这种恐惧感和他们对失败的恐惧一样，滋生于不信任感的土壤之中。

如果能够接受自己，也有保护和帮助自己的人，自己也能够相信别人，感到"真正的自己"是可以被接纳的，那么，这样的人即使害怕得到别人负面的评价，其程度与羞怯的人相比，也是完全不同的。

简单来说，孤独的人和有亲友的人，对于被他人否定的恐惧感是不同的。这应该不难理解。羞怯的人和心理健康的人所感受到的恐惧，就存在这样的区别。羞怯的人一旦得到负面的评价，就会受伤，无论是被当面评价，还是背地里听说的。

为什么会害怕得到负面评价？为什么会受伤呢？

首要原因是，他们的自我评价就是负面的，还会主观地认为"必须得到别人的高度评价"。其次，他们希望在他人的评价中感受自己的价值，试图通过他人的赞扬来保护自己。最后，因为自卑感强，只有被人吹捧才会使他们感到愉快，企图在他人的赞扬中寻求内心的安定。这就是自我膨胀的虚荣心。羞怯的人内心空虚，徒有其表，总是装模作样来敷衍了事。所以，一旦得到负面评价，他们就会产生巨大的心理恐慌。

不必太依赖别人的评价

就算是得到的评价很低，也要看看做评价的人和所评价的事。一个人在某个公司得到了很低的评价，换个公司、换个职业，结果也许就会有所不同。反过来说，即使得到了很高的评价，也不意味着这个人在所有方面都很优秀。如果他从事别的职业，说不定就会得到很低的评价。

建立了亲密的人际关系的人，并不觉得别人总在用批判的眼光看自己。事实上，人们的视角是各种各样的。所以，最好远离经常贬低你的同伴，因为在大多数情况下，那种人就是不喜欢别人，其他人说不定也都讨厌他。

因为在某个公司的某个部门得到的评价低而感到屈辱，这是很奇怪的。这就是所谓的悲观主义。在某个方面得到的评价低，可能有很多种解释。希望被喜爱的人会将某个人的评价放大去理解。他不适合做这个部门的工作，并不代表也不适合做其他部门的工作。就像"不会游泳"和"不会唱歌"是两回事一样。

羞怯者害怕被人否定，因为他们倾向于放大别人的负面评价。他们真正应该害怕的，是自己对事物的理解方式。如果能把自己对事物的理解方式由悲观主义转变为乐观主义，负面评价也就没有那么可怕了。

有自卑感的人，会通过讨好周围的人来确立对自己的认同感。但实际上，自我认同感应该通过自我实现的喜悦来确立。羞怯者明明并不喜欢他人，却活在他人的评价里。越是害怕被对方贬低，就越容易被对方牵着鼻子走；越是想让别人觉得他们很重要，就越容易被别人支配。另外，他们还会莫名其妙地认为必须得到他人的高度评价。但实际上，即使得不到他人的高度评价，也没有任何不妥。

自我认同感应该通过自我实现的喜悦来确立。即使得不到他人的高度评价，也没有任何不妥。

4 对被拒绝的恐惧

与其被拒绝，不如一个人

羞怯的人害怕被拒绝，所以不敢约自己喜欢的人吃饭。想着可能会被拒绝，就不敢冒风险发出邀请。然而，这是与他人变得亲近的必经过程。

羞怯的人从小就用"什么都不做"来解决问题，通过逃避来保证自己的安全。比起被拒绝，他们更愿意一个人待着。就像心理学家埃里克森说的那样，这种做法会让孩子陷入孤独。

哈佛大学社会学教授克里斯托弗·詹克斯（Christopher Jencks）曾在印第安纳州的高中进行过一项调查。他调查了在高中时期有约会经验的人和没有约会经验的人在 10 年后的状况。其调查结果显示，高中时期有过约会经验的人，10 年后在经济能力、工作经验以及对社会的整体适应能力等方面，都比另一组调查对象更胜一筹。也就是说，这些高中时没有约会经验的男生，到了 28 岁时没有取得事业上的成功，生活也谈不上幸福，社会适应能力也比较差。

邀请别人约会，总有被拒绝的可能。敢于冒风险去尝试的年轻人和无法克服畏惧心理、选择待在安全区里的年轻人是不同的。

羞怯的年轻人既害怕被他人拒绝，又害怕被公司拒绝。人之所以想在公司出人头地，是因为害怕被公司拒绝。如果走上精英路线，就会远离弗洛姆（Erich Fromm）所谓的"对孤立与流放的恐惧"。人之所以想拥有权力，是因为害怕被社会拒绝。只要拥有权力，就不会有"对孤立与流放的恐惧"。所以越是不安的人，越会追求权力与名望。因为害怕被拒绝，害怕被"孤立""流放"而伪装自己的人，与别人在一起时会感到不舒服，因为他们不知道自己的伪装什么时候会被剥下。

羞怯的人一旦被拒绝，就会受到深深的伤害。当然，无论是谁，被拒绝后多少都会感到受伤。但羞怯的人与心理健康的人受伤的程度是不同的。羞怯的人本来就难以良好地与他人沟通，他们的内心总是很寂寞。另外，与前文中提到的其他类型的恐惧一样，他们的恐惧滋生于不信任的土壤之中。在这种情况下一旦被拒绝，就会造成难以愈合的伤口。

羞怯的人心中本就伤痕累累，被人拒绝就好像往他们的伤口上撒盐一般。一旦知道只有自己被排除在外，他们就会对活着这件事感到不安，赖以生存的基础就会动摇。如果被某个集体排除在外，他们就会受到严重的伤害，变得无精打采。例如，本以为会受邀请的聚会却没有邀请自己，而是邀请了自己认识的其他人。这样一来，他们便沉浸在伤痛中难以自拔，晚上也久久难以入眠，吃安眠药也不管用，害怕第二天的来临。

此后，为了不再受到同样的伤害，他们会提前采取防卫措施。也就是说，从一开始就不与他人接触，或是说"我讨厌聚会"。只要不与他人接触，自然不会被拒绝，也就不会受伤。总之，他们会构筑一个小小的世界，在其周围筑起高墙，将自己封闭起来，这都是为了不再受伤。

对他人的拒绝如此恐惧，其实是因为他们的内心拒

绝现实中的自己。如果对自己有信心的话，即使被别人拒绝也不会受到那么严重的打击。

其实，心理健康的人也会有社交恐惧。无论是心理多么健康的人，都讨厌被人拒绝。无论是谁，受到别人的贬低后都会感到不愉快。但是，心理健康的人在这个世界上能找到自己的容身之处，而羞怯的人无处容身。有容身之处的人和没有容身之处的人，两者对被拒绝的恐惧有着天壤之别。心理健康的人，即使被人拒绝，依然可以照常生活；但羞怯的人，一旦被人拒绝，就觉得活不下去了。

构筑一个小小的世界，在其周围筑起高墙，将自己封闭起来，这都是为了不再受伤。

亲近的人会给予我们生活下去的能量。如果有亲近的人，即使被某个人拒绝了，也能很快振作起来；如果没有亲近的人，无论被谁拒绝都很难受。**人们在相互接触的过程中会产生和传递能量，但羞怯的人很少与他人接触，因此消化拒绝对他们来讲格外吃力。**

被拒绝是通往幸福的第一步

羞怯的人因为缺乏自信，不会意识到，有时被拒绝反而是件好事。

例如，他们没有被邀请参加某个聚会，被同伴们排除在外了。这件事有时反而会拯救他们。我曾多次说过，如果说有什么是幸福生活的必需品，那就是理想的人际关系。而不幸的人都有着糟糕的人际关系、糟糕的同伴。不被邀请参加聚会，可以成为与这些同伴断绝关系的契机，有时也会拯救自己。总是与他们待在一起，恐怕一辈子都不会幸福。

羞怯的人有很多这样的同伴。这种同伴之间虽然表面关系很好，但内心深处互相讨厌。但是，身处这种人际关系时，不会意识到其实彼此是互相讨厌的。离开那些人一段时间，才会突然明白"啊，原来我讨厌那些人"，进而就会觉得不可思议："为什么和那些人在一起的时候，我没有注意到自己讨厌他们呢？"身在其中的时候，往往就是意识不到"讨厌"。那是因为寂寞。

总之，**很多时候，被孤立是迈向幸福的第一步。**

在公司也是这样。谁都会对被开除感到害怕。"万一被开除了怎么办？""会不会无法维持生计？"被开除对一个人来说自然是大事，这种情况会导致短期内的生活受到影响，也会感到屈辱。人们会因此感到不安和担心。但是被开除，说明公司并不需要这个人，这个人并不适合这家公司。如果没有被开除，他就没有机会去更适合自己的公司。离开公司以后再回顾这段工作经历，往往会意识到"啊，在那家公司工作的时候，从来没有真正地开心过"。明明讨厌也离不开的小集体、不合适自己的公司——被它们拒绝，是神赐予的礼物。

如果被开除后感到的是遗憾和懊悔，或许是因为你在那家公司的时候没有努力工作。如果是这样，也将成为一次反省的机会，提醒你下次必须更加认真地工作。

离婚后，有的人会觉得"啊，我终于幸福了"，有的人会觉得"糟了"。觉得糟糕的人，在婚姻中并没有真诚地付出。他们自我感觉良好，无所作为。他们欺骗了对方的感情。觉得更幸福了的人，他们在婚姻中尽了自己最大的努力，却被压榨得一干二净。他们是被欺骗的人，离了婚以后，才发现自己之前吃了多少亏。

　　被排挤是很寂寞的。但如果这是走向幸福的过程，那么同伴的拒绝也是值得庆幸的。如果因此而感到愤怒，往往是自己想要从同伴那里得到什么东西。沮丧之时便是孤独之时。如果怀恨在心想要复仇，实际上是贬低了自己，不过是忍受不了屈辱感而已。去做更多有意义的事，屈辱感自然会消失。

　　羞怯的人害怕被拒绝是很自然的事，但被拒绝并不都是坏事。最重要的是，如果能借此机会从心底讨厌的集体中脱离，就是件可喜而非可悲的事。

　　一开始跟他们分开时，会觉得孤立无援，但随着时间的推移，便会真切地感知自己的变化。大多数情况下，羞怯的人并不喜欢自己身边的那些人，所以被周围的人拒绝也并非不幸，而是好事。被拒绝会让人感到屈辱，但也应该成为一个契机去正视自己内心深处，去寻找会认可自己的地方。如果能诚实地面对自己，也能对他人更加坦率的话，总会被人认可的。

　　今天的好事，到了明天不一定还是好事；今天的坏事，到了明天也不一定还是坏事。诚实地面对自己和拒绝了自己的人或事，就能开拓更好的明天。因为害怕被拒绝，就自我封闭或是一味迎合他人，才是最可怕的。这种态度会影响一个人的无意识领域，最终把他推向不幸。

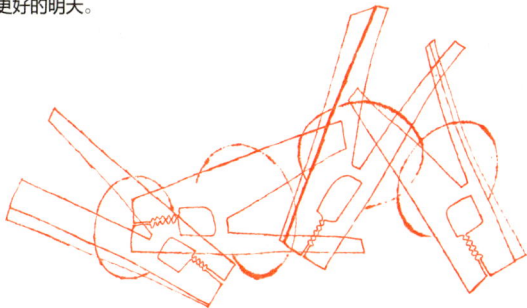

被拒绝也并非不幸，而是好事。诚实地面对自己和拒绝了自己的人或事，就能开拓更好的明天。

失去了眼前的人，恐怕就再也无法恋爱了

因为害怕被拒绝而把自己封闭起来的男性，一旦有了恋人，就会觉得如果失去了她，就再也没有恋爱的机会了。他会把主动靠近他的骗子当作自己的女神。

羞怯的男人总是在恋爱中遭殃，是因为他们恋爱的对象总是那些主动接近自己的女人，而不是自己喜欢，主动邀请对方成为自己的恋人。羞怯的男人不会主动接近女人，所以总与好女人无缘。就算有喜欢的人，也不会主动邀请对方。而主动接近他们的女人多半是来寻找猎物的。她们所寻找的猎物正是认真的、勤劳的、单纯的、对自己言听计从的、即使自己说谎也会相信的男人。

而羞怯的男人，大多数正是这样的老实人。他们太寂寞了，以至于无法识破女人的谎言与伪装。对这些狡猾的女人来说，羞怯的男人简直可以任由她们拿捏，没有比这更好的猎物了。

越是自我封闭，就越会丧失自信，进而把自己的小世界看得无比重要。明明是微不足道的东西，也会当作无价之宝。换句话说，在人际关系上，他们会把正与之

交往的"朋友"当作十分重要的人，因为他们产生了自己交不到朋友的错觉，所以他们的人生十分乏味无趣。他们也想约喜欢的人出来，但一旦对方注意到自己，就马上变得畏畏缩缩；而一旦遭到拒绝，就会立刻将其和自己的缺点联系起来，觉得是因为自己爱出汗、个子矮、话太多……即使是发出邀请的时候，也会为了保护自己而采取一种防御性的姿态——"要是对跳舞不感兴趣的话就算了"。这就是羞怯的男人。

5 对亲密的人际关系的恐惧

相信坏消息的习惯

羞怯的人害怕与人变得亲密，不仅是因为害怕真实的自己被了解，还因为害怕自己心灵的壁垒被打破。一个人如果筑起了高高的心墙，自然会害怕它会被破坏。如果说其他人的人际关系是天生的、自然的，那么羞怯者的人际关系就是人为的。

羞怯的人会回避亲密的对话，认为真实的自己会被讨厌，因为他们认为自己是一种屈辱的存在，自己的声音令人讨厌。准确地说，**羞怯者隐藏的未必是自己的缺点，而是他们自认为的缺点**。对方很可能从来没觉得那是缺点，甚至有时会觉得那很吸引人。

"这双鞋好脏。"母亲说。"这鞋子真漂亮。"另一个人说。这两者之中，羞怯的人会选择相信母亲的话。他们倾向于相信负面的评价。因为心中有伤口，所以无法与人变得亲近。即使被赞美，也无法治愈内心的创伤。

羞怯的人只对语言有反应。即使是别人用轻蔑的眼神说"真漂亮"，他们也会很高兴。即使对方觉得他们在做傻事，只要表面上夸赞一句"不错呀"，他们就会为此而开心。所以，他们既没有梦想，也没有骄傲，只想万无一失地活着。

羞怯的人怀有深深的自卑感，他们讨厌自己。而这

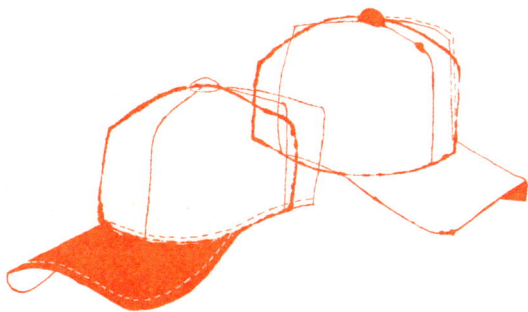

怀有深深的自卑感，讨厌自己。如果一直不喜欢自己，就无法改善任何问题。

正是他们需要解决的问题。自己明明是一朵玫瑰，却觉得玫瑰令人讨厌，非要当郁金香不可。因为他们认为郁金香比玫瑰更好，还会产生身边的人都是郁金香的错觉，作为玫瑰的自己，应该变得像郁金香一样美丽。

小孩子想要一件东西的时候，就只想要那个。如果这时候给他们别的东西，他们拒绝说"才不是要这个"，也听不进别人的话。只想得到自己想要的东西，解决了这个问题才能继续前进。羞怯的人如果一直不喜欢自己，就无法前进了。

孩提时的需求得到满足，才能优雅地老去

人际关系有很多方面，不仅仅是与社会职责相关的一面。所以，在退休、解除了社会职责以后，与人亲近的能力便是最重要的。老龄化社会最大的问题，就是很多人不具备与他人亲近的能力。而一个人退休后能否优雅地度过老年生活，很大程度上取决于他孩提时期的需求是否得到了满足，以及是否具备与他人亲近的能力。

在日本，退休之所以成为问题，是因为有些人不具

备与他人亲近的能力。就像要开出美丽的花就必须浇灌充足的水一样，想让一个人优雅地老去，就必须满足他孩提时期的需求。**重要的是，我们要弄清楚自己现在的处境，也就是说，要清楚自己内心的那个孩子得到了多大程度的满足。**孩提时期的需求没有得到满足的人，在心理上是原地踏步的，他们希望在每个场合都能得到周围人的赞赏。这种人害怕别人侵入自己的内心，于是会在周围筑起高墙。心墙越高，他们就越孤独。

羞怯者就像一个认为自己身处陋室的人。这让他感到羞耻，因此想把它隐藏起来，不想让别人看到自己的家。他们认为一旦被人发现，自己就会被看不起，为此总是紧张不安。然而，即使是陋室，地板也要擦干净，这一点很重要。比起地板脏兮兮的房子，虽然老旧，但地板擦得干干净净的房子其实更好。但他们不知道这一点。老旧和邋遢是两码事。有的人很有钱，却很邋遢；有的人贫穷，却能将一切收拾得整洁而井井有条。

羞怯的人如果能意识到自己是生于陋室的人，就应该更加自信。生于陋室并不是自己的过错，只是命运弄人。即便如此，仍然能保持干净体面，是一件了不起的事。而没有梦想的人，才会因为身处陋室而觉得自己低人一等。

一位性格羞怯的妻子住在丈夫公司的家属楼中。每天早上，公司里的一位上司都会从她家门口经过，而她会提前在地上洒上水，以免有扬尘。明明对他人如此上心，她却从不与职工宿舍的人来往，因为害怕一旦与人熟悉了，对方会了解真实的自己，然后就会讨厌自己。

津巴多指出，羞怯者认为与人变得亲近是件可怕的事，因为会暴露"真实的自己"。如果关系亲密，就可以向彼此敞开心扉，即使对方看到真实的自己也没关系，这令人感到愉快。而对于羞怯者来说，与人亲近就是勉强自己，必须时刻在他人面前努力表现得很好，这让他们十分辛苦。

喜欢虚张声势的人往往与他人并不亲近。如果关系亲密，就不需要在对方面前装样子。这些人的基本原则是不想被别人讨厌。但他们不知道，自己被一些人讨厌的特质，往往正是受另一些人喜欢的原因。如果没有任何人讨厌你，恐怕也不会有人想与你亲近。

迄今为止，他们扮演的社会角色或许得到过认可，

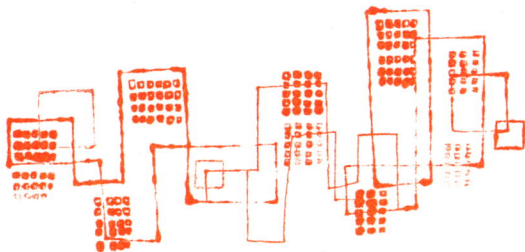

被一些人讨厌的特质，往往正是受另一些人喜欢的原因。如果没有任何人讨厌你，恐怕也不会有人想与你亲近。

但人格却没有被真正认可过。所以，患有抑郁症的人只要有一份社会职责，心理上就可以平静下来。

问题在于"面对人生的态度"

如上文所说，羞怯的人为自己身处陋室而感到羞耻。比起破旧的房子，当然是漂亮的房子比较好；比起羞怯的人，当然是心理健康的人比较好。这是显而易见的。羞怯的人自己也很清楚这一点，因为他们每天都活得很痛苦。

但是，这与人的伟大和人生的价值完全是两码事。与心理健康的人相比，羞怯的人有许多值得敬佩之处，也更能体现出人生的价值所在。我想强调的是，羞怯的人应当意识到自己了不起。没有人是主动让自己变成羞怯的人的。但羞怯的人在与残酷命运的对抗中一直坚持到现在。这种坚持面对的态度中所蕴含的价值，我真希望他们可以意识到。

这就是维克多·弗兰克尔所说的"态度价值观"，指的是用怎样的态度去面对人生。关于态度价值观，他是这样记述的："实现最高的价值的可能性，成就最深远的人生意义的机会。"[①]

因为害怕失败，害怕被拒绝，害怕被人轻视，害怕与人亲近而感到痛苦的羞怯者，"必须用正确的态度去面对人生"[②]。这样，一定会发现自己人生的意义。

---

① 《弗兰克尔著作集 6〈精神医学上的人类〉》，宫本忠雄、小田晋译，美铃书房 1961 年版，第 58 页。
② 同上，第 58 页。

第 4 章

『去相信』很重要

1　俄狄浦斯情结

缺乏安全感，就无法信任他人

羞怯的人从小就缺乏在母亲身边而感到"安心、放松"的体验。

一般来说，孩子在母亲身边会很有安全感，很快就能睡着。而羞怯的人从未有体验过这种安全感，他们从未卸下防备。小时候如果总是处处防备，就无法与他人交流。所以，卸下防备对于心理成长来说很重要。一个人如果能正常地与他人交流，就不会出现太大的问题。

只要有温柔的母亲在身边，即使房间很明亮，即使是在简陋的沙发上，孩子也可以很快入睡。甚至累了之后，趴在地板上就睡着了。如果感到不安，即使是在豪华的大床上，也睡不着；如果心中安稳，即使是在冰冷的地板上，也能很快入睡。

性格偏执的人和羞怯的人等有抑郁倾向的人，在幼年时期就体验过与人接触的恐惧，逐渐从没有安全感的孩子成长为没有安全感的少男少女。

吉尔马丁的调查显示，孩子越是羞怯，说明他的母亲越是逃避社会。那些逃避社会的母亲，有的也逃避自己的孩子，而另一些人则是把被压抑的、过剩的感情全部倾注到孩子身上，以此来释放自己心中的不满。无论是哪一种，对孩子来说，都是难以忍受的母亲。与之相反，在孕期心情放松、性格乐观的母亲，会生出调皮的男孩儿和可爱的女孩儿。

对于"母亲在怀孕期间是否一直待在家里"这一问题，有52%的"羞怯的大学生"和67%的"羞怯的成年人"做出了肯定答复，而在"自信的大学生"中这一比例仅为11%。

对于"母亲在怀孕期间是否也在工作"这一问题做出肯定答复的，"羞怯的大学生"和"羞怯的成年人"的比例均为0，而"自信的大学生"里有10%。

"虽然不工作，但会参加社会活动"，对这一问题做出肯定答复的，"羞怯的大学生"中有 48%，"羞怯的成年人"有 33%，而"自信的大学生"中，这一比例达到 79%。

"在自己的成长时期，母亲是否忙于工作"，对这一问题做出肯定答复的，"羞怯的大学生"中有 67%，"羞怯的成年人"有 77%，而"自信的大学生"里仅有 19%。

或许，类似的结果，还会出现在偏执性格和有抑郁倾向的人身上。

"害怕人"是怎么一回事

"害怕人"的情况有两种：一种是害怕被人讨厌，害怕被人读懂自己的心思；另一种是混杂了心理上和身体上的恐惧。

如果说人会害怕蛇，害怕狮子，这谁都能理解。但与此不同，"害怕人"的第二种情况，对普通人来说是难以理解的。人又不会像狮子一样咬人。有女性恐惧症的男人，虽然比女人更强壮有力，但他们就是害怕女人。

当然，我们说的"害怕"是指一种心理感受。对于没有患过恐惧症的人来说，很难理解这种害怕他人的感受。但如果一个人说"那个人可能会杀死我，所以我害怕那个人"，这就容易理解了。

弗洛伊德所说的"俄狄浦斯情结（即恋母情结）"就是类似的情况。俄狄浦斯情结，是因依恋母亲而对父亲产生忌妒和仇恨的心理矛盾。弗洛伊德认为，若无法解决这种情结，便会产生精神上的问题。[1] 伴随着俄狄浦斯情结的，还有无法处理对父亲的罪恶感。与之相对，如果是女儿，就是厄勒克特拉情结。[2]

根据父亲的具体情况不同，这种"罪恶感"的程度也会有所不同。最严重的情况是，儿子会产生"父亲可能会杀了我"的恐惧。伴随着成长，普通人的这种情结往往会自然消退，所以不会出现什么大问题。但那些患有对人恐惧症的人内心的矛盾非常严重，在长大成人后还没有解决，因为比一般人更难以去消除这种情结。伴

---

[1] 《对人恐惧症的人类学》，内沼幸雄著，弘文堂 1977 年版，第 170 页。

[2] 同上，第 170 页。

随着俄狄浦斯情结的，是深深的罪恶感。而无法解决的内心矛盾，会使罪恶感滋生出"可能会被杀掉"的恐惧。

当然，这种恐惧会被压抑，会从人的意识中被驱逐出去，而来到无意识的领域。本人并没有意识到自己怀有"可能被父亲杀掉"的恐惧，但它存在于他的无意识领域。

如果我们能设身处地地考虑这种"可能会被杀掉"的感觉，或许就能理解他们为什么觉得人可怕了。对父亲的恐惧进一步扩散到其他人的身上。明白了这一点，就可以理解对人恐惧症患者和羞怯者"害怕接近别人"的心理了。如果心怀这样的恐惧，对他人自然就会产生"胆怯、警戒心、不信任感"了。

"俄狄浦斯情结"引发的对人恐惧症

成功消除俄狄浦斯情结的人，也就是普通人，很难理解"可能被杀的恐惧"。但并非所有的父亲都是普通的父亲。这世上既有心胸宽广的父亲，也有普通的父亲，还有专制强势的父亲，甚至有些父亲的神经症倾向更严重。即使是专制强势的父亲，其程度也各不相同，有的比较温和，有的比较严厉。具有神经症人格的父亲，其程度也各不相同，有的轻一些，有的严重一些。如果父亲有严重的精神问题，那么孩子因俄狄浦斯情结而产生"可能被杀的恐惧"就不足为奇了。当这种恐惧感被置换后，产生"害怕与人见面"的想法也并非不可思议。

根据父亲神经症程度轻重的不同，孩子的"胆怯、警戒心、不信任感"的程度也会不一样。所以，羞怯者害怕接近人的程度也不一样。有的人"胆怯、警戒心、不信任感"的程度轻一些，可以与人正常地会话；另一些人则非常胆怯，不敢接近别人。这世界上有各种各样的人，有的人可以一直说个不停，甚至会令旁人觉得不可思议，而有的人说话时甚至不敢看别人的眼睛。

说到"可能被杀的恐惧"，谁都会觉得有些别扭。就连羞怯的人也会对这些话感到别扭。但如果不是这样，要如何解释自己的"胆怯、警戒心、不信任感"呢？为什么不敢接近他人呢？为什么不敢与他人视线交会呢？为什么和他人在一起时会感到浑身不自在呢？为什么不肯表达自己的意见，为什么害怕表现自己呢？如何回答没完没了的各种疑问呢？

当然，在本书中，我也分别对这些倾向进行了说明，但最根本的原因恐怕还是"可能被杀的恐惧"。潜藏在底层的，都是这种恐惧。如果去深挖这些问题背后的原因，就会发现恐惧的暗河潜流汹涌。"可能被杀的恐惧"似乎危言耸听，很难得到赞同。但每个人所感到的这种恐惧是程度各异的，这与"难以表达自己的意见"的不同程度是相对应的。虽然说"羞怯的人难以表达自己的意见"，但实际上，从完全缄口不言的人，到能表达一些的人，个体情况还是不尽相同的。就像不害羞的人一般都能坚持自己的主张，其中也有格外固执己见的人。

对于"可能被杀的恐惧"，不同的人所体会的强烈程度是不一样的。长大以后，有的人已经完全消除了这种恐惧，有的人却在无意识中产生了强烈的恐惧。因此，当你疑惑"自己的言行为什么会变成这样"而对自己感到厌烦、不知如何与自己相处的人，不妨试着想一想，自己的无意识中是否存在这种恐惧。这种"可能被杀的恐惧"，虽然源于俄狄浦斯情结，但如果随着成长反而不断地加强了，那事情就变得危险了。

被欺负的人是无法战斗的人

总的来说，心怀恐惧的人因为害怕，无法与不正当的力量战斗，所以很容易被欺负。在我的另一本书中提到过，喜欢欺负别人的人会选择欺负的对象，而被他们选中的，是无法战斗的人。

事实上，吉尔马丁的调查结果显示，针对"小时候是否被欺负过"这一问题，"羞怯的大学生"里有 81% 的人都给出了肯定答复，在"羞怯的成年人"中，这一比例达到了惊人的 94%；而"自信的大学生"并没有这种经历，回答"是"的人数是 0。这个差距太明显了。

针对"是否进行了反击"的调查结果和上面的十分类似。没有反击过的人，在"羞怯的大学生"里占 77%，在"羞怯的成年人"里占 94%，而"自信的大学生"中，这一比例仅为 18%。

从幼年期到少年期，怀着"可能被杀的恐惧"的人，在长大成人的过程中，沦落为欺凌者的猎物。这样一来，羞怯的人就更不愿意与人接近了。如果他们与父母的关系也不好，那么恐惧就会像雪球一样越滚越大。在最坏的情况下，这可能成为导致对人恐惧症、抑郁症的一个重要原因。

从父母的占有欲衍生出的孩子的罪恶感

孩子会害怕父母，不只是因为俄狄浦斯情结和厄勒克特拉情结。

有神经症人格、性格强势的父母会经常对孩子表现出恨意。这是因为**有重度神经症的人，会对别人产生强烈的占有欲**。例如，占有欲强的父母，见到孩子与朋友开心地玩耍时，就会感到不愉快。总之，他们不喜欢孩子和自己以外的人亲近，不喜欢孩子和自己以外的人一起旅行。

有重度神经症的父母，在用孩子的忠诚来治愈自己的心灵。他们对自家孩子的要求会很极端。然而出人意料的是，在这方面似乎鲜有著名的精神分析学者研究。

这种对孩子的控制不仅限于孩子小时候。有重度神经症的父母，即使在孩子长大成人之后，也会有许多荒唐透顶的要求。比如，自己的儿子结婚了，如果儿子像尊敬自己一样尊敬女方的父母，那么占有欲强的父母真的会有想杀人的冲动，其激烈程度取决于他们神经症人格的程度。

其实，孩子从小就能察觉到自己父母的占有欲。但是孩子们都想和朋友玩，到了上学的年龄就会参加各种各样的活动。他们会渐渐创造出一个与父母不同的、属于自己的世界。而他们在这样做的时候，会产生罪恶感。罪恶感的程度取决于父母神经症人格（占有欲）的程度。父母对孩子的占有欲越强，孩子的罪恶感就越强。如果父母神经症人格的表征十分明显，孩子就会产生"可能被杀的恐惧"。

当然，这种恐惧是被压抑在心底的，孩子自己不会意识到。但这种"可能被杀的恐惧"支配着他们的心。恐怕正是因为上述这种生活背景，羞怯的人并没有一个快乐的童年。

从吉尔马丁的调查结果来看，大多数"羞怯的成年

人"都感到，小时候的自己并不像个真正的小孩子。而
"自信的大学生"则完全没有这样的感觉。准确的数据是，
有这种感觉的"羞怯的大学生"占 59%，"羞怯的成年人"
占 71%，而"自信的大学生"这一比例为 0。

想要反抗父母的愿望

还有一个需要提到的概念是"普罗米修斯情结"。普
罗米修斯是希腊神话中的人物。因为宙斯并不想把火赐
予人类，于是普罗米修斯瞒着他盗取了火种，给人类带
来了幸福。

人在幼年期会"玩火"。为了自立，就必须"玩火"。
这是孩子成长过程中的必经环节。他会趁父母不注意，
冒着风险"玩火"。如果父母患有重度神经症，孩子会
因为太害怕而不敢反抗父母，就无法"玩火"。如果在心
中产生了想"玩火"的念头，就会随即产生"可能被杀
的恐惧"。这是一种巨大的罪恶感。就这样，"玩火"的
愿望变成了受挫的欲望，一直存在于他的心底。

精英人士到了 40 岁，心中的普罗米修斯开始蠢蠢欲

动，有些人在反抗父母的愿望与罪恶感之间的夹缝中挣扎，甚至会以自杀告终。①

对孩子来说，违抗父母的意志这件事究竟有多可怕，取决于父母神经症人格的程度。如果父母是严重的神经症患者，孩子一旦做出自立的举动，就有可能真的发展为杀人事件。父母抱着死的决心，反对孩子自立。因为对于有重度神经症的父母来说，孩子的自立是关乎生死的重大问题，只有独占孩子，他们才能活下去。正因为如此，孩子细微的言行举止会对他们的心理造成很大的影响，有时因为一句话就被激怒。

有重度神经症的父母在人际关系上存在许多的问题。当然，他们不具备解决这些问题的能力。但在现实生活中，如果不解决这些问题就无法生存下去。这时，他们就需要一个情绪宣泄的出口，这就是孩子的用处。就像如果家里没有垃圾桶的话，就无法保持干净一样，孩子就这样成了这种父母的情绪垃圾桶。

---

① 《情结》，河合隼雄著，岩波新书1971年版，第148页。

身为心灵杀手的父母

举个例子，有一位患有神经症的父亲，他与妻子的关系不好，心中憎恶自己的妻子。但他很软弱，意识不到这一点，逐渐将怨恨驱赶到无意识的领域，于是总是焦躁不安，经常通过向孩子发泄情绪来消除这种烦躁。

患有较严重的神经症的父母，在心理上会很痛苦。总觉得"应该做些什么"，变成了"责任的暴君"。而通过把这压力转嫁到孩子身上，他们会好受一点。在精神分析方面有许多经典著作的卡伦·霍妮（Karen Horney）将这种心理现象称为"责任的外化"。这种将责任推卸到孩子身上的行为会束缚孩子的心灵。"责任的暴君"一词也是她所提出的。在这种情况下，父母就会成为孩子的心灵杀手。

总而言之，**有强烈神经症人格的父母，能够依靠孩子维持心理上的平衡。一旦失去了孩子，就活不下去。**因此，一旦察觉到孩子有类似普罗米修斯那样想要反抗的倾向，有强烈神经症人格的父母就会产生想要杀人一般的恨意。换句话说，有强烈神经症人格的父母为了维持生存，需要一个扮演"情绪垃圾桶"的顺从的孩子。而从孩子的立场来看，感受到"可能被杀的恐惧"也就不奇怪了。

但是，这种被强迫顺从的孩子，是不允许自己意识到这种"可能被杀的恐惧"的。即使无意识中怨恨父母，也要在意识中感谢父母是"优秀的父母"。但是，无论在意识上多么感谢父母，这种"可能被杀的恐惧"还是会在无意识的领域里存在。

比如，一个性格温顺的儿子与妻子的父母一起旅

即使潜意识里对父母既害怕又厌恶，他们仍会有意识地努力去树立父母的光辉形象，想要试图去感谢父母。

行时，会梦见自己的父亲手持利刃，追赶自己。即使他从梦中醒来时，也能清楚记得父亲手持利刃试图攻击自己的样子。还有人梦见自己被父亲关进黑暗的房间，放毒蛇来咬自己，而后惊恐万分地醒来。也就是说，旅行等行为违背了以占有孩子为生的亲生父亲的意愿。

此外还要注意的是，在梦中即将被杀死之际，没有一个人可以保护自己，这一点在这个梦的解释中是很重要的。也就是说，在孩子与父亲的关系扭曲时，周围人的态度是冷漠的。以母亲为首的周围人，一边把孩子当作患有神经症的父亲的牺牲品，一边保护着自己的安全。这个孩子身边围绕着包括父母兄弟在内的一群冷漠的人。他自己却都没有注意到这些。

这样的家庭往往还把"家庭的爱"挂在嘴边，大加赞颂。那个孩子在意识上也认为"家人要和睦相处"，但在无意识中，他知道自己是孤身一人而感到深深的孤独。像这样成为家人的牺牲品的孩子会变得羞怯，进而患上抑郁症等心理疾病。

在爱中长大的孩子 vs 在责备中长大的孩子

在爱中长大的人，听到"父母会憎恶孩子，责备孩子，怨恨孩子"，是难以理解的。但如果说，当孩子考试失败时，有些母亲会责备孩子，就容易理解一点。

在孩子没考好、心灵受到伤害的时候，有些母亲会责备说："为什么之前不更加努力学习呢？"孩子已经感到伤心了，为什么还要责备他呢？一般来说，作为母亲，应该安慰和鼓励他才对。

之所以责备他们，是因为母亲想要通过孩子的优秀成绩来治愈自己内心的创伤。这种母亲，很可能是在小时候经历过某些屈辱的体验，内心受到了伤害吧。她想通过孩子的成功来治愈内心的创伤，但希望落空了，因此才会在孩子的伤口上撒盐。

也许，那个母亲在自己的家族中家境最为贫困，在与亲戚聚会时，她总感到难堪。这种时候，恰巧自己有个表现很好的孩子，于是就想通过孩子的成功让亲戚们刮目相看，期待孩子能考上亲戚的子女们都考不上的名校。但孩子失败了，因此，母亲才会更加责备已经受伤的孩子。

世界上就是有这种无法容忍孩子失败的母亲，因为她们需要孩子来治愈自己内心的创伤。说得抽象一点，就是母亲在向孩子寻求爱。人们认为，只有孩子才会向父母寻求爱。但这是大错特错的。在针对失去母性保护的孩子这一研究领域中颇有名望的鲍尔比所提到的"亲子角色逆转"，说的就是这种情况。

有强烈神经症人格的父母，会执拗地索求孩子无条件的爱。如果得不到孩子这样的爱，就会厌憎、责骂，甚至怨恨孩子。所以，这些被怨恨着的孩子大多数都性情温和，表现优异。

神经症人格的父母会选择抛弃做得不好的孩子。这样的孩子对他们来说只会碍事，他们无法拿这样的孩子来报复世间，因此也无法获得心灵上的治愈感。

在这个世界上，既有在父母的关爱下长大的孩子，也有被父母索求爱用以治愈伤痛，却因失败被父母憎恶的孩子；既有被父母精心呵护的孩子，也有被父母粗暴地对待的孩子；既有受伤后被父母治愈的孩子，也有被父母往伤口上撒盐的孩子。所以，如果把世上的亲子关系都等同化地来考虑，想要对此进行说明，就会越发无法理解人性。

不管怎么说，俄狄浦斯情结也好，普罗米修斯情结也好，**我们人类都有各种各样需要去解决的心理课题。解决那个课题的难度因人而异**。有的人为此付出漫长痛苦的人生；有的人以失败告终，选择结束自己的生命；还有人从未意识到这些，稀里糊涂地过完一生。像羞怯者这样，只要与别人待在一起就感到不自在的人大有人在，同时，喜欢有人陪伴的人也比比皆是。自我意识过剩、眼中看不到别人的羞怯者与认真观察对方的人，并存于这个世界。

绝不屈服

"可能被杀的恐惧"潜藏在厚厚的冰层之下，就像冬天在湖面冰层下游动的鱼一般，活生生地存在于那里。冰层是很难融化的。但就像春天到来冰雪会消融一样，在人类顽强的意志力的努力下，总有一天"可能被杀的恐惧"会浮出水面，出现在意识里。

当对这种恐惧有所意识时，春天就来了，人就会变得幸福。他们变得不再那么害怕人，变得能说出自己的意见，能够寻求别人的帮助，可以与人交流，敢于表现自己的感情。这就是俄狄浦斯情结与普罗米修斯情结被消除的时候。到了那个时候，心理上的问题就可以得到解决，羞怯的人将不再羞怯。

如前所述，冰的厚度因人而异。有的像北极的冰雪一样厚，有的只是若有若无的一层薄冰。但冰层厚并不全是坏事。北海道的春天和冲绳的春天，哪一个更美呢？哪一个会更让你有"啊，春天来了"的感动呢？这是因人而异的。原本住在东海岸波士顿的人，觉得西海岸洛杉矶的气候更加宜人，于是搬去了洛杉矶居住。确实，一般来说洛杉矶的气候比较好。但是，在洛杉矶绝对体会不到波士顿郊外的湖上坚冰融化后那种"啊，春天来了"的感动。**成为哪一种，是命运决定的。**

"可能被杀的恐惧"，对有些人来说是无法想象的，而另一些人就是在这种环境里提心吊胆地长大的。对于自己生活的环境，前者心怀感激就好，而后者需要努力克服和跨越。当克服了一切时，会感到一种"终于活过来了"的实感。那是什么都替代不了的，是无法通过名誉、权力、金钱得到的一种感动的体验。这需要付出巨大的能量。

在与希特勒作战时，丘吉尔曾有一句名言"Never give up"，是"永不放弃"的意思。在这里，我想把它翻译成"绝不屈服"。**在与命运的战斗中，绝不屈服。**

对于自己生活的环境，需要努力克服和跨越。在与命运的作战里，绝不屈服。

2 人是循序渐进地成长的

父母的不安会传递给孩子

一个孩子想戴假发，就把假发戴在了头上，接着又涂了口红。母亲看着他的样子，不禁被逗笑了。这个游戏大概持续了一周，孩子就不玩了，他的欲求已经得到了满足。这个孩子也因为被认可而有了自信。

小时候玩够了泥巴的人，也不会一直玩泥巴。小时候发现了一个秘密的小地方，就会很高兴，把脏兮兮的石块当作宝物一样藏在那里，一会儿取出来，一会儿放回去。这就是孩子的快乐。但慢慢地，他可能就对此丧失了兴趣，又发现了其他好玩的事情。孩子就是这样成长的。

母亲跟在孩子后面散步，孩子相信母亲会一直跟着自己，所以很安心。这样的孩子，即使拒绝自己不想做的事情，也不会担心自己会被讨厌。

津巴多认为，性兴趣被压抑，就会导致羞怯。如果因为性兴趣被压抑，导致面对异性十分羞怯，还可以理解。但仅凭这一点，难以解释他们为何无法表达自己的意见。事实上，导致这个结果的，是"性兴趣被压抑"的环境，是产生"可能被杀的恐惧"的环境。比起"性兴趣被压抑"本身，不得不压抑性兴趣的环境更容易引发羞怯，这种解释更为正确。

羞怯是一种症状，是"因本我的基本欲求没有得到满足而产生的一种表征反应"[①]。话虽如此，但在这种状态下，一般人应该是一副欲求不满的表情吧。**羞怯反映出的是"本我的基本欲求没有得到满足"，但欲求没被满足并不会直接导致羞怯。造成"基本欲求无法被满足"，使人产生"可能被杀的恐惧"的环境，才是根本原因。而**恐惧又滋生出了"胆怯、警戒心、不信任感"，所以"胆

① 《羞怯〈一〉腼腆的人》，第76页。

怯、警惕、不信任"是羞怯者的特征。

也就是说，如果在这样的环境中长大，就会像津巴多所说的那样，变得难以与人亲近，无法表达自己的意见或是表现自己，会回避让自己感到困惑的场面，也无法向别人求助。如果出现这样的反应，就无法与人交流，被孤独和忧郁折磨也是理所当然的。最后，就像津巴多所说的那样，羞怯的人很容易患上抑郁症。

总结来说，羞怯的形成过程为："性兴趣被压抑"→"基本欲求没得到满足"→"可能被杀的恐惧"→"胆怯、警惕、不信任"→"难以与人亲近"。

在孩子想要被宠爱的时期，却以优秀孩子的标准来要求他，那么孩子自然而任性的欲望就没有得到满足。因此，即使不想再羞怯下去，也不是说停下就能停下的。如果根本问题没有得到解决，单单想要停止羞怯的言行，只是治标不治本。如果勉强自己，心理疾病反而会恶化。被抛弃的自我，日后会产生无法应对人生不确定性的恐惧。①

———————————

① "This abandoned ego later produces a dread of not being able to cope with uncertainties of life." *Shyness*.

在孩子需要保护的时候，母亲却没有起到保护者的作用。而当父母自身感到不安时，这种不安又会传染给孩子。所谓自我，是使与他人建立关系成为可能的功能。[①] 而当父母不具备这种功能时，孩子就会感到自己被父母拒绝或抛弃。

被父母拒绝而引起的伪成长

有些人会对摇着尾巴的小狗视而不见，因为他们全部的心思都在观察自己、执着于自己。有这种心理问题的父母根本不具备爱的能力，而孩子会认为这是因为"自己不值得被爱"。

孩子只有在与母亲的关系里得到满足，才能离开母亲。心理上离不开父母，正是因为在亲子关系里没有得到满足。在这种情况下，如果强行让他离开父母，孩子就会产生心理上的问题。换句话说，依赖性需求得到满足的孩子才可以自立；孩子的依赖性需求没被满足的

---

① 《寻找丢失的自己》，第 92 页。

时候就要求他自立，就会产生心理障碍。

越是觉得被父母拒绝的时候，孩子越是会抱紧父母。他们的依赖性需求没有被满足就强求他们，只能通过生硬的办法来迫使他们独立。[①] 欲望还没有得到满足就被迫放弃，会导致心理疾病。恐怕性格偏执的人和羞怯的人，大概就是因为常常勉强自己，所以活得不快乐吧。但勉强自己，总会有藏不住的时候。

在吉尔马丁的调查中，针对"你是否爱笑"这一问题，"羞怯的大学生"里只有22%的人给出了肯定答复，"羞怯的成年人"这一比例仅为6%，而在"自信的大学生"中比例为100%。

人是循序渐进地成长的，人格也是分阶段发展的。只有和父亲断绝心理上的依恋关系，女儿才能够开始恋爱。在父亲与母亲的关系破裂的情况下，女儿与母亲相依为命。父母关系不和，孩子与母亲相依为命，这些情况并不少见。在这种环境中长大以后，女儿的恋爱也自然会不顺利。这是因为她与父亲关系中的矛盾并没有得

---

① 《寻找丢失的自己》，第87页。

到化解。女儿对父亲有着被压抑的依恋和怨恨。即使强迫自己放弃满足需求，恋爱也难以顺利进行。

人的成长是循序渐进的，无论是儿子还是女儿都一样。无法从母亲那里得到接纳、认可、夸奖，母亲也无法给予必要的保护，会导致孩子在成长过程中产生强烈的戒备心。即使被他人亲切对待，也会产生违和感和戒备心。正常情况下，一个人应该先具有保护自己的能力之后再保护自己。但有些人在自己还不具备这种能力的时候，就开始努力保护自己了。他们不知道该怎么做，只能一路跌跌撞撞地摸索着。

羞怯的人也想化身纳西瑟斯，滔滔不绝地讲述自己的事情，却不幸只能做母亲的倾听者。这样的孩子表面上很乖，但情感上并不成熟。他们真实的自我并没有从父母那里得到确认。例如，当孩子回到家时说着"我回来了"，希望有人回应自己"回来啦"。他们希望对方接受自己，如果不被接受，就会有自我无价值感。人只有在自己的存在被确认之后，心理才会成长；在没有得到确认的情况下，到了自立的年龄，就会被强迫自立，这样就会成为自己的观察者。

羞怯的父母更容易发现孩子的羞怯。母亲对此尤其敏感。[①] 这是为什么呢？是因为羞怯的父母更希望从孩子身上得到爱。他们希望孩子可以关心自己，希望自己受伤的心灵得到安慰，却得不到这样的安慰。

"外界的每一个人，甚至是母亲，都是宗教审判官一般的存在。"[②] 因为和父亲的关系不好，无法消除俄狄浦斯情结，而母亲又是宗教审判官一样的存在，在这种环境中生活的孩子不可能没有任何问题。他们只能一边心怀恐惧，一边通过讨好周围人来实现自我救赎。他们一味地追求他人的称赞，为了感觉"我被喜欢"而压抑自己的愿望，同时也压抑着因此而产生的愤怒。

一颗"我相信"的心

有的人总觉得周围的人充满敌意，而有的人完全没有这种感觉，这两种人每天生活的舒适程度有着天壤之别。

---

① 《羞怯〈一〉腼腆的人》，第 106 页。
② "Everyone out there is a potential Grand Inquisitor, even mothers." *Shyness*, p.58.

被怀疑的时候，每天都觉得紧张；只要相信"周围的人不会怀疑自己"，就能放松地生活，每天都很开心。以学生为例，即使在同一所学校，在同样的天气下，听同一组教授的课，在同一个食堂吃饭，加入同一个社团，这两种心理上的差异也是无法估量的。一方每天悠闲地享受学生生活；而另一方每天紧张不安，心中无法平静，总是感到很焦虑，好像被什么追赶一样，然后不知不觉间就习惯了被追赶的生活，理所当然地以为生活就是如此。

人类的幸福并不取决于外在条件，而取决于其内心的感受。如果被性情多疑的父母养大，即使住在豪华的公寓，开着法拉利车，穿着阿玛尼的西装，在有名的餐厅吃饭，也是不幸的。因为即使享用着这些，心里也会充斥着不安，担心这一切什么时候就会突然消失；总是感到焦虑，觉得接下来要做的事情必须尽快完成；无论自己做什么，都会觉得是不好的事情。如果一个人总被怀疑的话，就会变成这样。因此即便自己做的并不是什么坏事，也总是想要证明这一点，于是嘴边总是挂着在他人看来毫无必要的借口。这是被爱着长大的人难以理解的感受。

被疲惫感和负罪感困扰的人和相信大家都为自己的幸福而高兴的人，两者是完全不同的。羞怯的人在小时候总是被责备，周围也都是一些疑心重的人，而可以信赖的人一个都没有；更糟糕的是，没有人会保护他们，于是他们渐渐失去了信任的能力。所以长大以后，他们也无法相信别人出于善意的提醒，只会觉得是在责怪、刁难自己，也不会觉得高兴。"为什么一定要刁难我呢？"他们不满地想。而这种愤怒的情绪，也不会表现出来，而是藏在心里。

长大之后，即使环境发生了改变，周围都是善良的人，他们仍然闷闷不乐，自我封闭。周围的人完全搞不懂他们为什么闷闷不乐，明明是为了他们好，才提出"这样做更好"的建议，但他们感受到的却是"怎么没这样做？"的非难。"总是看起来怒气冲冲的，会被人讨厌哦。"听到这样的话，他们也会认为是在刁难总是面色阴沉的自己。

顺从地接受别人的忠告，对谁来说都不是件容易的事。因为每个人都希望获得别人的认同。明明是想被认同，却被否定了，自然会不高兴。但认为对方是在为自

羞怯的人需要的，是"我相信"的决定。

己着想和认为对方是在刁难自己，这两种心情当然是不一样的。如果能相信对方的善意，就能从善如流地去反省自己的行为；内心并不信任对方却还要反省，那只是迎合而已。羞怯的人没有一颗相信别人的心，所以他们没有真正地反省过。他们会把别人善良的言行看作对自己的非难。于是，他们只能和偶尔碰到的、满口奉承话的、毫无诚意的人交往了。真正为别人着想的善良的人和诚实的人，与他们相处得却并不愉快。

对于害羞的人来说，需要的是"我相信"的决断。

家庭对于孩子的意义

无论自己是什么样的人，自己的价值都能得到认可，这样的地方就是家庭。 培养孩子独立人格的地方，也是家庭。在这样的家庭中长大，会具备信任的能力。对孩子来说，家庭应该是在外面受伤后可以治愈受伤心灵的温暖港湾，但有的父母却只想着解决自己内心的矛盾。

根据津巴多的理论，羞怯包含着对自己被抛弃、被无视、被拒绝等的恐惧。[①] 津巴多认为这些恐惧是羞怯者的特质。之所以害怕"被无视"和"被拒绝"，是因为他们在心理上无法独立生存。幼年期的孩子想要被保护，却遭到拒绝；想要被认可，却遭到无视。这给幼小的他们留下了心理创伤，才会如此害怕被无视和被拒绝。

用鲍尔比的话来说，就是"不相信可依恋对象的存在"。也就是说，无法相信自己能随时接近自己喜爱的人，随时得到对方的回应。这就是鲍尔比所说的"不安全型依恋"。因为没有安全感，才想要抱紧对方，就像是不安

---

① 《羞怯〈一〉腼腆的人》，第 78 页。

的孩子才会紧紧地缠着母亲。

　　如果幼年期的需求得到满足了，那么就算被无视，或是被低估，也不会受到多大的打击。而羞怯的人，即使长成了大人，也无法消除幼儿时期的渴望。

3　自我意识过剩

感兴趣的对象是自己

自我意识过剩的羞怯者所关心的对象只有自己。他们在"自己"这张画布上作画，却不认为自己有绘画的才能，害怕别人评价自己画出的东西，但仍有好多想要画的东西。

自我意识过剩的人无法与他人交往，无法与对方的思想接轨。所谓"自我意识过剩"，打个比方来说，就像他们会一边开车，一边想着："那栋建筑是怎么看待我开车的？"自我陶醉也是如此。这种人的眼中看不到对方，无法与人交流。例如一个羞怯的人坐在副驾驶座，没注意到开车的人在专注于驾驶，所以会滔滔不绝地夸耀自己，而且，他还很在意开车的人会怎么想。

在一段关系里，首先要自己觉得舒服，然后也要让对方感到愉快。能与自己和谐相处的人，与别人接触时也不会自我意识过剩；而羞怯的人只在意自身的事情，比如自己是否脸红了，是否怯场，话说得好不好，自己的姿态如何，对方会如何看待自己等。自我意识会把焦点放在自我否定这件事上。与人说话时，想着自己的声音不平稳、个子矮、音痴、力气小、容易疲惫、记忆力差等。例如，一位羞怯的教授在讲课的时候对学生毫不关心，只关心学生如何评价自己的课。

另外，羞怯的人为了隐藏自己的焦躁等负面情绪需要消耗能量。于是，就像前言中提到的那样，他们就像把自己裹在一团被子中，只能在里面喃喃自语。但这并不会减轻他们心中的不满。所以，有的人可能就会得抑郁症。

他们大概从未跟父母撒过娇吧，相反，还常常要面对父母的情绪需求。于是，他们把自己想说的话藏在心里，忍着不说；想要做的事，也忍着不去做。

羞怯的人想唱歌却无法开口，想跳舞却不敢动，想说"喜欢""想要那一个"却说不出，想说"不要"也说不出，想发脾气也发不出。有时会压抑爱意，有时会压抑厌恶感。他们的不满被压抑着，有时自己也会意识到这一点。而他们也会担心，这些被压抑着的感情会不会被人发现，就导致了自我意识过剩。

那么，为什么要忍耐这一切呢？是因为"可能被杀的恐惧"。他们的生存环境，使得他们出现了类似无法表达自己的意见的诸多症状。关于"可能被杀的恐惧"，就像我们已经说明过的那样，程度由轻到重，有一个很广泛的范围。

如果俄狄浦斯情结和普罗米修斯情结始终得不到消解，心中始终怀有"可能被杀的恐惧"，会怎么样呢？为了不被杀掉，就必须讨对方喜欢，所以很在意对方对自己的看法；为了不被杀掉，必须观察对方的脸色，绝不能乱说话触怒对方。只要怀有这种恐惧，就难免会变成自我意识过剩的人。

席卷心底的不满

欲望得不到满足，感情又存在冲突矛盾，让他们的内心一片混乱，总是感到纠结和不满。这会导致怎样的结果呢？结果就是，一点小事就会刺激长期被压抑的不满。

鞋带没有像预想的那样系好，饭菜没有像期待的那样被端上餐桌，没能像期望的那样与他人取得联系，进了商店却找不到想要的东西——什么情况都有可能，总之，他们会因为一些小事突然发怒，或者变得非常不高兴。有一位丈夫，早上出门的时候，因为鞋子脏了，就嚷嚷着"人生就此结束了"。还有一位丈夫，早上出门的时候，因为衬衫的扣子掉了而陷入恐慌。他们有自己的一套理论——可能会因此而迟到；穿这样的衣服真是太丢脸了，会被公司开除的；吃不下饭了。他们会责备妻子："都是你的错，才会变成这样！"

我曾在电台的一档咨询节目中担任嘉宾，那时的我偶尔会发现每个家庭都发生着令人难以置信的事情。这是为什么呢？问题并不在于早上出门时衬衫的扣子掉了，而在于没有被表现出来的受挫的欲望和感情，这才是问题的本质。

忽然就翻脸，忽然就不分场合地发脾气的人，平日里的每一天都有许多不满堆积在心中。即使是平安无事的时候，心底也会有强烈的不满。那些不为人所知的受挫的欲望，在心底不断翻腾，因为得不到满足的爱的欲望，他们变成了"怨恨的魔鬼"。但在日常生活中，人们总会在某种程度上被其他事情吸引注意力，没有爆发的契机。偶然间，他们被一些琐事刺激了内心的不满，于是，积攒的情绪一下子喷涌而出。我经常听说，有的父亲吃饭时稍微有一点不如意的事，他就会掀翻餐桌，大闹一场；也经常听说，有的丈夫因为一句话就突然发怒，对妻子拳打脚踢。但是在外面，他们就像寄居在别人家里的猫一样温顺而羞怯。

席卷他们心底的，是无法表达的受挫的欲望，就像一座活火山，不停地喷发。只是为了维持社会上的体面，才压制住了它。在那些琐事发生之前，他们早就已经开始生气了，早就不高兴了。而给了他们表现内心不满的机会的，无非衬衫上掉下来的扣子，系不好的鞋带，迟迟没有端上来的饭菜，或是无关紧要、毫无意义的一句话。

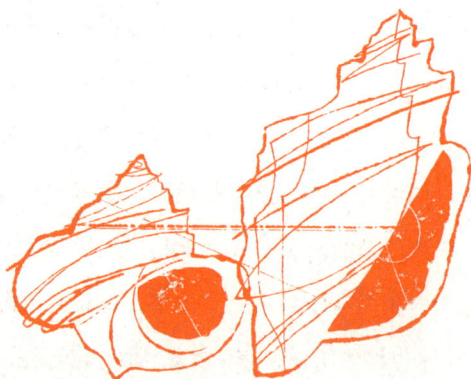

基本的需求没有得到满足，忍耐着，无意识中，这些懊恼就成了记忆的一部分。

妻子不理解丈夫为什么会因为这种小事而大发雷霆，为什么会因为一两句话就怒不可遏。因为他们小时候基本的需求没有得到满足。在需求完全得不到满足的情况下，他们从小孩子长成了大人。

如果你觉得自己总是焦躁易怒，会对某个特定的人大发脾气，那么你应该重新审视自己心底受挫的欲望。"这么说来，从小时候开始……那个时候，对了，那个时候也是……"试着回忆一下，就会想起那些忍耐的瞬间。

"如果自己那时的欲求得到了满足，肯定不会这样突然就发火了。"你不这么想吗？"当时我就感觉不舒服，但没能和他争论，没能还嘴。"然后就变成了无法表达自己意见的人。

无意识中，这些懊恼就留在了记忆中。如果有意识地去记住每一次悔恨，那么人生会变得更难挨吧。因此为了保护自己，变得对任何事情都漠不关心；为了保护自己不受伤害，只能将自己的感情抽离出来。慢慢地，过着什么都感觉不到的生活。这是一种自我防卫，但也会令人变得自我执着，对别人失去兴趣。

但是，无论怎样有意识地不让自己感到懊恼，潜意识里还是能感知到。受挫后的攻击性，会变成惨不忍睹的样子存在于心底。即便是自我防卫，也只是意识层面的。无意识的领域不同。在无意识中，这种受挫的欲望以悲惨的姿态盘旋着。那些受挫的欲求，最终会向容易向其表现的对象发泄出来。羞怯的人会欺负弱者，那是他们心底愤怒的爆发。

无意识里积攒的恨意

小时候，你的欲求被无视，很不甘心，甚至想杀了对方。但这种心情被力量压制住了，然后从意识中消失了。例如，小时候你为了某件事拼命努力，本以为会得到认可，没想到反而被大家嘲笑像傻瓜一样。你十分不甘心，怨恨对方，但又无能为力。而那种恨意还残留在你的无意识领域。虽然你的意识层面没有记住，但无意识里有着这样的记忆。

长大成人后，某一次，对方做出了违背你的期待的行为。这触动了你的神经，令你大发雷霆。这时，你无意识领域里受挫的欲求，或者说强烈的恨意受到了刺激，向面前的人大肆发泄。大多数情况下，发泄的对象是一个会包容你的人，是一个你容易向其表达怨恨情绪的人。如果害怕的话，这种恨意就会像以前一样积攒在无意识领域中。而那些对你无意识里受挫的欲求一无所知的人，会觉得你的愤怒来得莫名其妙。"为什么因为一点小事就大动肝火呢？"他们觉得十分不可思议。

你真正无法释怀的，是过去那些对你的努力冷嘲热

讽的人，是过去那些用嘲笑你来填补自己内心的黑洞的人。但那些都已经从意识的层面消失，留在了无意识之中。最后，眼前的人成了发泄这种"无法原谅"的愤怒的出口。大多数情况下，你会害怕曾经嘲笑戏弄你的人，而眼前的人并不可怕，甚至还会迁就你。

而积攒了大量挫折感却无处发泄的人，最后大概就会患上抑郁症。从这一点来看，津巴多说羞怯的人容易患上抑郁症也就不难理解了。抑郁倾向较强的人做什么都不开心，也是一样的道理。只要受挫的欲望还存在于无意识领域，无论做什么都不会真正快乐。残存在无意识领域的愤怒和懊悔的心情，会在很多时候表现出来。

羞怯的人有很多想做却没能做成的事，有很多令他们感到不甘心的事。他们总是不断地做有违自己本性的事。当事情没有按照自己的预期发展时，有人就会陷入恐慌。他们是心理不稳定的人。事情不可能总是像预期的那样发展，总会有一些意料之外的状况发生，使得原本的计划无法完成，而且损失会很大。这种时候，心理上就会陷入恐慌。

实际上，这种心理不稳定的人，由于心中受挫的欲望，原本就处于恐慌状态，只是表面上故作平静而已。在他们的意识里，也认为自己的心理很稳定。如果事情按照计划进行的时候，不会发生什么问题。但实际上，他们在无意识领域总是处于混乱状态。这种混乱会在遇到麻烦时表现出来。到了那个时候，他们便无法控制自己。

其实，理智上明白即使着急也没有用，也清楚人生常有这样的情况，但就是无法抑制焦虑的心情。就像强迫性地追求名声的人，在出现问题、事情无法顺利进展时，就会陷入心理上的恐慌。因为"非做不可的事"无法做到了。这种"非做不可"的感觉就是强迫性的。所谓强迫性，就是不这么做就不甘心。也就是说，如果不这么做，就无法消除无意识领域的混乱。

总而言之，人如果不能很好地处理受挫的欲望，心理就会变得不稳定。心理不稳定的人动不动就会发怒，动不动就会消沉，他们的内心深处往往隐藏着受挫的欲望。

例如，想要满足幼儿时期的愿望却没能满足，就形成了受挫的欲望。并不是单纯的"愿望没有得到满足"，

心理不稳定的人动不动就会发怒，动不动
就会消沉，他们的内心深处往往隐藏着受
挫的欲望。

而是"原本以为可以被满足却落了空"。受挫的欲望总是
伴随着屈辱的体验。想要做成一件事却没能做成。想要
排遣心中的懊恼，却做不到。渐渐地，最先想到的就是
放弃。

　　时常有大企业的精英员工患上抑郁症，还有精英公
务员自杀，这是为什么呢？因为虽然他们是社会意义上
的成功者，但心理上早已承受了挫折，却没有意识到自
己在心理上处于受挫的状态。

为了获得内心的安定，要将受挫的欲望以某种形式意识化，并加以处理。而社会意义上的成功无论有多大，对于处理无意识领域中受挫的欲望都是毫无帮助的。

直面恐惧

羞怯者从小就把讨好对方放在第一位，而非表现自己的感情。如果把自己的感情表现出来，惹怒了对方，那就麻烦了。

在俄狄浦斯情结和普罗米修斯情结中体会到的"可能被杀的恐惧"是他们一切人际关系的起点。他们以这些情结中的父母作为参考，来想象其他人，因此对其他人产生了不切实际的恐惧，因为害怕人而不敢表现自己的感情，于是变得自我意识过剩。

他们无法轻松地与别人交谈，无法轻易地拜托别人，无法轻松地与别人一起喝茶。只要跟别人在一起，就无法放松，会陷入不明原因的紧张和不安。"与别人在一起感到不舒服"是羞怯者的特征。因为恐惧才会这样无法主动接近别人、与人交朋友。如果没有恐惧，与人相处就会很开心。

羞怯的人想要告别羞怯，就必须直面自己的恐惧。
直面恐惧，到底是什么意思呢？这并不仅仅是指，患有
"女性恐怖症"的人要去面对女性，而是要直面问题地思
考，为什么自己一面对女性就害怕，自己到底在害怕什么。

有的人害怕女性，有的人就是害怕所有人，有的人不
敢进入人多的房间，有的人害怕走在广场中央，有的人害
怕马，还有的人害怕风，可以说，恐惧也是多种多样的。
大多数情况下，他们恐惧的对象本身其实并不可怕。

就像活跃在纽约的精神科医生、美国著名心理学学
家乔治·温伯格博士的案例中的那个人，他实际上害怕
的是父亲，却把对父亲的恐惧转移到了马的身上。

**真正害怕的是什么呢？思考这个问题，也许就能了
解真正的自己，也许就能了解被父母拒绝的自己。**

一旦感到恐惧，就千方百计地避开令自己恐惧的对
象。这样的人，是最容易被别有用心的人利用的。试图
通过压抑自我来讨好别人，对于别有用心的人来讲，没
有比这更方便的利用对象了。也正是因为这样，羞怯的
人身边总是聚集了很多有心计的人。羞怯的人不知不觉

要先搞清楚自己究竟害怕的是什么，
然后直面它。

间就习惯了这样的人际交往模式，于是，心底的不满就会越积越多。在他们自己尚未意识到的时候，这种不满已经多到无法估量。

这不可能不对他们的性格造成影响。周围人都会发觉他处于紧张的状态，给人一种不亲切的印象。别人也看得出他们无法放松。

为了讨好上司而压抑自己，成为对上司有利的部下；为了讨好部下而压抑自己，成为对部下有利的上司；为了讨好恋人而压抑自己，担心怎样做才能得到对方的青睐。如此这般，由于自我意识过剩而消耗大量的能量。

从"应该做"的魔咒中解放

在说明心理问题时，有个经常出现的表达——"本我与超我之间的冲突"。

津巴多是这样解释羞怯的："羞怯是在'本我与超我之间的冲突'之中产生的症状。"[①]

问题在于冲突的内容，或者说是超我的内容。关于超我，我认为重要的一点是，它包含着恐惧的部分。抑郁症患者就是在这种"本我与超我之间的冲突"之中，超我战胜了本我。实际上，他们的本我正是被恐惧打败的。

比起"想做的事"，"应该做的事"占了上风。"应该做的事"之所以能占上风，是因为恐惧的存在。总是做"应该做的事"，逐渐地就会忘记自己原本想做的是什么，所以人会变得有气无力、漠不关心。

---

① "Thus, the basic conflict between desire and deprivation rages. In these terms, shyness is a symptom." *Shyness*, p.45.

如果意识规范是建立在爱之上的话，就不会变成"应该做"的暴君。但意识规范如果是建立在恐惧之上，就会变成"应该做"的暴君。

根据津巴多的一项针对羞怯者的跨时十年的调查，25%的羞怯者是在青春期以后才变得内向的。而在青春期之前，由于畏惧父母，会刻意表现得活泼开朗。

纽约的精神科医生唐纳德·卡普兰认为："羞怯的起源与自恋一样，是对自己的过度关注。"[①]仔细想想便能理解，当意识到有被杀的危险时，谁都会只关注于如何保全自己的。在房间里面对一个杀人犯时，无论是谁都无法考虑其他的事情，也没有多余的心力去想"这个杀人犯究竟是个怎样的人"之类的事情。

羞怯的人与人打交道时，只在意对方如何看待自己，而没有多余的精力去考虑对方的感受。他们不记得对方穿着什么衣服，也不记得对方的经验和本领。对于心理健康的人来说，这简直不可思议，怎么会什么也记不得呢？

但是不要忘记，羞怯的人心底怀着"可能被杀的恐

---

① 《羞怯〈一〉腼腆的人》，第77页。

惧"，发生这种情况也就不足为奇了。而且因为这种恐惧，
羞怯的人总是压抑着自己的各种感情和行为。结果就会像
之前说的，他们内心深处的敌意不断累积。而且这种敌意
会被外化，使得他们认为别人也同样对自己怀有敌意。

如果像这样误解他人，就会因为一些琐碎的小事而
感到害怕。在这种情况下，羞怯的人即使与人见面，也
会忘记对方都说了什么，拿着什么样的包，有时甚至会
忘记对方的名字。人在恐惧之中，不可能对对方产生关
心。因为害怕对话的中断，连对方的发型和名字都记不
住也是理所当然的。

总的来说，自我意识过剩的人，在感情上是不成熟
的，也谈不上具有独立的人格，他们对于周围的世界缺
乏兴趣，也没有意愿主动去做些什么。而不会自我意识
过剩的人，是心理健康、具有独立人格的人，对周围的
世界也具有好奇心，有自发地去做事情的意愿。

但是，就像我一再强调的那样，那些羞怯的、自我
意识过剩的人，不能因此失去了内心的自豪感。比起心
理健康的人，羞怯的人活得更努力。不要忘记我们在前
面说过的态度价值。必须如实接受现实，但更重要的是

以后的事情。"尽管如此，我还是有价值的。"要这样想，

要为自己感到自豪。

实际上，那些在理想的环境里出生和长大的人，可以被称为"了不起的人"吗？

了不起的人，应该是那些克服了不理想的环境的人。
羞怯的人，出生在一个迫使他们成了羞怯者的环境中。
请把这看作上天对你的眷顾与试炼吧。

一直努力地走到了这里，要为自己感到自豪。

版权登记号：01-2023-3223

图书在版编目（CIP）数据

KO！再见，羞怯！／（日）加藤谛三著；韩贞烈译
.-- 北京：现代出版社，2023.6
ISBN 978-7-5143-9970-7

Ⅰ. ①K… Ⅱ. ①加…②韩… Ⅲ. ①心理学－通俗读
物 Ⅳ. ① B84-49

中国版本图书馆 CIP 数据核字（2022）第 191053 号

IITAIKOTO GA IENAI HITO (AIZOBAN)
Copyright ©2017 by Taizo KATO
All rights reserved.
Illustrations by Tomoyuki YANAGI
First original Japanese edition published by PHP Institute, Inc., Japan.
Simplified Chinese translation rights arranged with PHP Institute, Inc.
through Shanghai To-Asia Culture Co., Ltd.

KO！再见，羞怯！

著　　者　[日]加藤谛三
译　　者　韩贞烈
责任编辑　赵海燕　毕椿岚
出版发行　现代出版社
通信地址　北京市安定门外安华里 504 号
邮政编码　100011
电　　话　010-64267325　64245264（传真）
网　　址　www.1980xd.com
印　　刷　固安兰星球彩色印刷有限公司
开　　本　787mm×1092mm　1/32
印　　张　7
字　　数　96 千字
版　　次　2023 年 8 月第 1 版　2023 年 8 月第 1 次印刷
书　　号　ISBN 978-7-5143-9970-7
定　　价　49.80 元